中国科学院科学出版基金资助出版　国家自然科学基金委员会资助出版

计算方法丛书·典藏版　23

非数值并行算法

（第二册）

遗传算法

刘　勇　康立山　陈毓屏　著

科　学　出　版　社

北　京

内 容 简 介

本书系统地叙述了非数值并行算法之一的遗传算法的基本原理以及最新进展，同时为了便于读者解决实际问题，书中对具体算法的步骤作了详细介绍．本书共分七章，第一章介绍算法的思想、特点、发展过程和前景．第二章介绍算法的基本理论．第三章讨论算法解连续优化问题．第四章利用算法设计和优化神经网络．第五章介绍在组合优化中的应用．第六章介绍应用遗传程序设计解决程序设计自动化问题．第七章对遗传算法和其它适应性算法进行比较．

本书可供高校有关专业的师生、科研人员、工程技术人员阅读参考．

图书在版编目(CIP)数据

非数值并行算法．第2册，遗传算法 / 刘勇，康立山，陈毓屏著．-- 北京：科学出版社，1995.1(2016.1重印)

(计算方法丛书)

ISBN 978-7-03-004345-0

Ⅰ．①非… Ⅱ．①刘… ②康… ③陈… Ⅲ．①计算机应用－遗传学－并行算法 Ⅳ．①TP338.6②Q3-39

中国版本图书馆CIP数据核字(2016)第012871号

责任编辑：赵彦超 胡庆家 / 责任校对：鲁 素
责任印制：张 伟 / 封面设计：陈 敬

科学出版社 出版
北京东黄城根北街16号
邮政编码：100717
http://www.sciencep.com
北京厚诚则铭印刷科技有限公司 印刷
科学出版社发行 各地新华书店经销
*
1995年1月第 一 版 开本：850×1168 1/32
2016年1月 印 刷 印张：7 1/8
字数：181 000
定价：49.00元
(如有印装质量问题，我社负责调换)

序　　言

当今计算机科学的各个领域的发展几乎都显示出向并行计算过渡这一趋势，人们开始从并行和分布式处理的观点重新探索计算理论、计算机语言、操作系统、数据库、结构以及应用．本书呈现给读者的正是反映在这场变革中迅速发展的一个全新的科学领域——遗传算法(genetic algorithms)，其发展从一开始就是基于并行处理．遗传算法是一种借鉴生物界自然选择和自然遗传机制的高度并行、随机、自适应搜索算法，它主要用在处理最优化问题和机器学习．隐含并行性和对全局信息的有效利用能力是遗传算法的两大显著特点，前者使遗传算法只须检测少量的结构就能反映搜索空间的大量区域，后者使遗传算法具有稳健性（robustness)．遗传算法尤其适于处理传统搜索方法解决不了的复杂和非线性问题．

从 1985 年到 1993 年，召开了五届国际遗传算法学术会议，遗传算法已经有了很大的发展，并开始渗透到人工智能、神经网络、机器人和运筹学等领域．遗传算法是多学科相互结合与渗透的产物，它已发展成一种自组织、自适应的综合技术，广泛用在计算机科学、工程技术、管理科学和社会科学等领域．

本书汇集了武汉大学并行计算研究室的科研成果和国外一些有关最新的文献资料，力图反映遗传算法的新发展．我们对遗传算法的基本原理作了较为系统、全面的论述，同时考虑到让读者阅读后能解决实际问题，也对一些具体算法步骤作了较详细的介绍．我们希望本书能吸引更多的科技人才投入到这个研究领域中来．

本书共分七章．第一章绪论中包括了遗传算法的思想、描述、特点、发展过程和前景．第二章论述了遗传算法的基本理论．第三章讨论了遗传算法解连续优化问题．第四章利用遗传算法设计和优化神经网络.第五章介绍了遗传算法在组合优化中的应用.第六章应用遗传程序设计解决程序设计自动化中的问题. 第七章对遗传算法和其它的适应性算法进行了比较.

限于著者的学识水平,书中不妥之处在所难免,非常感谢读者指正.

著者感谢武汉大学软件工程国家重点实验室并行计算研究室的同仁所给予的热情支持和帮助. 著者从事遗传算法的研究工作得到了国家自然科学基金、国家863高技术计划和国防科工委八五预研项目的资助, 本书的出版还得到国家自然科学基金委员会优秀成果专著出版基金与中国科学院科学出版基金的资助, 在此谨表示衷心感谢.

刘 勇 康立山 陈毓屏

1993年12月 于武汉大学

目　　录

第一章 绪 论

§1.1 自然进化与遗传算法

从本世纪40年代,生物模拟就成为了计算科学的一个组成部分，如早期的自动机理论就是假设机器是由类似于神经元的基本元素组成的. 这些年来,诸如机器能否思维、基于原则的专家系统是否胜任人类的工作、以及神经网络可否使机器具有看和听的能力等有关生物类比的问题已成为人工智能关注的焦点. 最近生物计算在机器昆虫和种群动态系统模拟上所取得的成功激励越来越多的人致力于人工生命领域的研究. 当今计算机科学家和分子生物学家已开始携手进行研究，并且类比也得到了更广泛的应用.

计算和生物学之间的类推更为一致,基因和计算机都记录、复制和传播信息. 美国 Indiana 大学的 Hofstadter 通过论证明确地指出,在活细胞的繁殖中 DNA 和 RNA 的行为可以解释为自复制 Turing机的一个实例.

但所有这些模拟都赶不上遗传算法所取得的成功. 遗传算法是一族通过模拟自然进化过程搜索最优解的方法.

自从生物变化的进化理论得到人们的接受之后，生物学家就对进化机制产生了极大的兴趣. 化石记录表明我们所观察到的复杂结构的生命是在相对短的时间内进化而来的，对这一点包括生物学家在内的许多人都感到惊奇.

虽然目前关于推动这个进化的机制还没有完全弄清楚，但它们的某些特征已为人所知. 进化是发生在作为生物体结构编码的染色体上，通过对染色体的译码部分地生成生物体. 人们现在还不完全清楚染色体的编码和译码过程的细节，但下面几个关于进化理论的一般特性已广为人们所接受:

(1) 进化过程是发生在染色体上，而不是发生在它们所编码的生物体上.

(2) 自然选择把染色体以及由它们所译成的结构的表现联系在一起，那些适应性好的个体的染色体经常比差的个体的染色体有更多的繁殖机会.

(3) 繁殖过程是进化发生的那一刻. 变异可以使生物体子代的染色体不同于它们父代的染色体. 通过结合两个父代染色体中的物质,重组过程可以在子代中产生有很大差异的染色体.

(4) 生物进化没有记忆. 有关产生个体的信息包含在个体所携带的染色体的集合以及染色体编码的结构之中，这些个体会很好地适应它们的环境.

自然界生物体通过自身的演化就能使问题得到完美的解决，这种才能让最好的计算机程序也相形见拙. 计算机科学家为了某个算法可能要耗费数月甚至几年的努力，而生物体通过演化和自然选择这种非定向机制就达到了这个目的.

大多数生物体是通过自然选择和有性生殖这两种基本过程进行演化的. 自然选择决定了群体中哪些个体能够存活并繁殖；有性生殖保证了后代基因中的混合和重组. 比起那些仅包含单个亲本的基因拷贝和依靠偶然的变异来改进的后代，这种由基因重组产生的后代进化要快得多. 自然选择的原则是适应者生存，不适应者淘汰.

自然进化的这些特征早在60年代就引起了美国Michigan大学的John Holland的极大兴趣,那时，他和他的学生们已在从事如何建立能学习的机器的研究. Holland 注意到学习不仅可以通过单个生物体的适应而且通过一个种群的许多代的进化适应也能发生. 受达尔文进化论——适者生存的启发,他逐渐认识到,在机器学习的研究中,为获得一个好的学习算法,仅靠单个策略的建立和改进是不够的，还要依赖于一个包含许多候选策略的群体的繁殖. 他们的研究想法起源于遗传进化，Holland 就将这个研究领域取名为遗传算法. 一直到1975年 Holland 出版了那本颇有影

响的专著 *Adaptation in Natural and Artificial Systems*，遗传算法这个名称才逐渐为人所知.

Holland 创建的遗传算法是一种概率搜索算法，它是利用某种编码技术作用于称为染色体的二进制数串，其基本思想是模拟由这些串组成的群体的进化过程. 遗传算法通过有组织地然而是随机地信息交换来重新结合那些适应性好的串，在每一代中，利用上一代串结构中适应性好的位和段来生成一个新的串的群体；作为额外增添，偶尔也要在串结构中尝试用新的位和段来替代原来的部分. 遗传算法是一类随机算法，但它不是简单的随机走动，它可以有效地利用已有的信息来搜寻那些有希望改善解质量的串. 类似于自然进化，遗传算法通过作用于染色体上的基因，寻找好的染色体来求解问题. 与自然界相似，遗传算法对求解问题的本身一无所知，它所需要的仅是对算法所产生的每个染色体进行评价，并基于适应值来选择染色体，使适应性好的染色体比适应性差的染色体有更多的繁殖机会.

遗传算法利用简单的编码技术和繁殖机制来表现复杂的现象，从而解决非常困难的问题. 特别是由于它不受搜索空间的限制性假设的约束，不必要求诸如连续性、导数存在和单峰等假设，以及其固有的并行性，遗传算法目前已经在最优化、机器学习和并行处理等领域得到了越来越广泛的应用.

需要说明的是，虽然遗传算法的早期研究从生物进化理论中得到了不少启示，并且生物学家和遗传学家的发现会继续在某种程度上影响这一领域，但是这种影响多半是单向的. 至今遗传算法没有应用在遗传学领域中，并且遗传算法的研究也没有对生物学的理论产生影响，在这一点上，遗传算法似乎类似于神经网络和模拟退火算法. 这两种算法也是基于对自然界的有效类比. 这些算法从自然现象中抽象出来，但研究这些自然现象的科学家们到目前为止还没有受到算法抽象概念的很大影响. 经过类比启示的开始阶段后，遗传算法、神经网络以及模拟退火算法已成为沿自身道路发展下去的学科，它们距给它们以启示的学科越来越远.

§1.2 遗传算法的描述

本节以一个非常简单的最优化问题为例来说明遗传算法．这个例子是为四个连锁饭店寻找最好的经营决策，其中一个经营饭店的决策包括要做出以下三项决定：

- 价格　汉堡包的价格应该定在50美分还是1美元？
- 饮料　和汉堡包一起供应的应该是酒还是可乐？
- 服务速度　饭店应该提供慢的还是快的服务方式？

目的是找到这三个决定的组合(即经营决策)以产生最高的利润．

因为有三个决定变量，其中每个变量可以假设为两个可能值中的一个，所以对这个问题的每个可能的经营决策可以很自然地用长度$l=3$、在规模$k=2$的字母表上的特征串来表示．对于每个决定变量，值0或1被指定为两个可能选择中的一个．这个问题的搜索空间包括$2^3=8$个可能的经营决策．串长($l=3$)、字母表规模($k=2$)以及映射组成了对这个问题的表示方案，其中映射把串中具体位上的决定变量规定为0或1．利用遗传算法求解这个问题的第一步就是选取一个适当的表示方案．

按上面描述的表示方案，在8个可能的经营决策中表1.1给出了其中的4个．

表1.1　饭店问题的表示方案

饭店编号	价格	饮料	速度	二进制表示
1	高	可乐	快	011
2	高	酒	快	001
3	低	可乐	慢	110
4	高	可乐	慢	010

假设这四个饭店的经营决策要由一位没有经验的新手决定，从而他不知道在三个决定变量中哪个是最重要的，也不知道在他

做出最优决策下能得到的最大利润量或者在他做出错误决策下可能招致的损失量，甚至不知道哪个变量的单独改变会产生利润上的最大变化.

新手不知道能否通过下面的逐步调整过程来接近全局最优值，在这个过程中每次改变一个变量，挑选好的结果，然后类似地改变另一个变量，再挑选好的结果. 也就是说，他不知道变量能否单独地优化，或者它们是否以高度非线性方式相互联系.

新手面临另外的困难是只有通过每星期各个饭店的赢利情况来获得关于环境的信息. 问题是他不清楚影响顾客光顾饭店的确切因素以及每个因素对顾客的决定起作用的程度. 在营业过程中所观察到的饭店经营情况只是经营者从环境中得到的反馈，他不能保证经营环境在每个星期都保持不变. 顾客的口味是多变的，并且决策的规则可能会突然改变，原来非常好的决策在某个新的环境中可能不再产生同样多的利润. 环境的改变不仅可能是突然的，而且是不能预告的. 通过观察到当前的经营决策不再产生与以前同样多的利润，经营者才会间接地发现环境的改变情况.

经营者还要面临的是要求立即做出经营决策，没有时间让他有单独的训练或单独的试验，唯一的试验来自实际营业的方式. 此外，有用的决策过程必须立即开始产生一连串的中间决策，这些中间决策保持饭店从一开始到后续的每个星期都在生存所需的最低水平之上.

因为经营者不了解他所面临的环境，他开始可能会明智地对四个饭店分别采用不同的初始随机决策，可以期望随机决策的获利近似地等于在搜索空间内总体上的平均获利. 这种多样性一方面大大增加了获得接近于搜索空间内总体平均利润的机会，另一方面把从第一个星期的实际营业中学到的信息量增加到最大限度. 我们将采用表 1.1 中所给出的 4 个不同的决策作为经营决策的初始随机群体.

事实上，饭店经营者是按与遗传算法同样的方式进行决策的. 遗传算法的执行开始时是通过检测在搜索空间中随机选取的某些点来尽量学习关于环境的信息．特别地，遗传算法从第0代（初始随机代）开始，初始群体由随机产生的个体组成，在这个例子中，群体规模N等于4．

在遗传算法中，每一代群体中的个体都要在未知环境中进行检测以得到它们的适应值，这里适应值取为利润，它还可以是获利、效用、目标函数值、得分或其它一些值．在这个问题中，初始群体的4个个体的适应值由表1.2给出，其中适应值简单地定义为每个二进制染色体串所代表的十进制值，所以决策110的适应值是6美元，全局最优适应值为7美元．

表1.2　初始群体中经营决策的适应值

	第0代	
i	串 x_i	适应值 $f(x_i)$
1	011	3
2	001	1
3	110	6
4	010	2
总和		12
最小值		1
平均值		3.00
最大值		6

通过检测4个随机决策，经营者获悉到什么呢？表面上他知道了搜索空间中被检测的四个特殊点（即决策）的具体适应值（即利润）．特别地，他了解到第0代群体中最好的个体110每周产生6美元的利润，最差的个体001每周只产生1美元的利润．

在遗传算法中用到的唯一信息是实际出现在群体中个体的适应值．通过模拟生物界自然选择和自然遗传过程，遗传算法把一个群体变换到一个新的群体．一个简单的遗传算法由复制、杂交和变异三个遗传算子组成．

复制算子把当前群体中的个体按与适应值成比例的概率复制

到新的群体中．在第 0 代，群体中个体适应值的总和为12，因为最好的个体 110 的适应值为 6， 所以群体的适应值归因于个体 110 的部分是 1/2．按照与适应值成比例的选择，我们期望串 110 将在新的群体中出现 2 次．因为遗传算法具有随机性，所以在新的群体中串 110 有可能会出现 3 次或 1 次，甚至以微小的可能性出现 4 次或根本不出现．群体的适应值归因于个体 011，010 和 001 的部分分别为 1/4，1/6 和 1/12，类似地我们期望个体 011 和 010 在新的群体中分别会出现 1 次，001 会从新的群体中消失．

如果这 4 个串正好精确地按照它们的期望值被复制到新的群体中，则串 110、011、010 和 001 将分别出现 2，1，1 和 0 次．以上串的选择复制过程可用一种最常用的技术——赌盘选择来实现，其基本步骤为：

（1）将群体中所有串的适应值相加求总和；

（2）产生一个在 0 与总和之间的随机数 m；

（3）从群体中编号为 1 的串开始，将其适应值与后继串的适应值相加，直到累加和等于或大于 m．

表 1.3 给出了一个赌盘选择的例子，第一行是 4 个从 0 到适应值总和12 之间的随机数，对每个随机数，从表 1.2 中编号为 1 的串开始对适应值累加求和，一旦累加和等于或大于所产生的随机数，就停止求和，其中那个最后加进去的串就是所要选择的串．

表 1.3　赌盘选择

随机数	5	2	12	9
选择的串	110	011	010	110

赌盘选择的结果是返回一个随机选择的串．尽管选择过程是随机的，但每个串被选择的机会却直接与其适应值成比例．那些没被选中的串则从群体中淘汰出去．当然，由于选择的随机性，群体中适应值最差的串有时也可能被选中，这会影响到遗传算法的执行效果，但随着进化过程的进行，这种偶然性的影响将会是微不足道的．

这个技术称为赌盘选择是因为它能被看成是把赌轮盘上的片分配给群体中的串，使得每一片的大小与对应串的适应值成比例. 从群体中选择一个串可视为旋转一次轮盘，当轮盘停止时，指针指向的片所对应的串就是要选择的串. 在应用赌盘选择时，要满足所有串的适应值必须是正数.

表 1.4 给出了在初始群体上应用赌盘选择所得到的一个可能结果，这个由复制算子产生的新的群体称为交配池. 交配池是当前代和下一代之间的中间群体，它的规模为 N.

表 1.4 复制后产生的交配池

	第0代			交配池	
i	串 x_i	适应值 $f(x_i)$	$\frac{f(x_i)}{\sum f(x_j)}$	串	$f(x_i)$
1	011	3	0.25	011	3
2	001	1	0.08	110	6
3	110	6	0.50	110	6
4	010	2	0.17	010	2
总和		12			17
最小值		1			2
平均值		3.00			4.25
最大值		6			6

复制算子的作用效果是提高了群体的平均适应值. 交配池群体的平均适应值是 4.25，而它起点的值仅为 3.00，并且交配池中最差个体的适应值为 2，而在初始群体中最差个体的适应值为 1. 因为低适应值个体趋向于被淘汰，而高适应值个体趋向于被复制，所以在复制运算中群体的这些改进具有代表性，但这是以损失群体的多样性为代价的. 复制算子并没有产生新的个体，当然群体中最好个体的适应值不会改进.

遗传杂交算子(有性重组)可以产生新的个体，从而检测搜索空间中新的点. 复制算子每次仅作用在一个个体上，而杂交算子每次作用在从交配池中随机选取的两个个体上. 杂交算子产生两个子代串，它们一般与其父代串不同，并且彼此不同，每个子代串都包含两个父代串的遗传物质.

杂交算子有多种，其中最简单的一点杂交算子的作用过程如下：首先产生一个在 1 到 $l-1$ 之间的一致随机数 i；然后配对的两个串相互对应地交换从 $i+1$ 到 l 的位段. 假设从交配池中选择编号为 1 和 2 的两个串为配对串，且杂交点选在 2（如下面的分隔符|所示），则杂交算子作用的结果为：

$$\begin{matrix} 01|1 & & 010 \\ & \longrightarrow & \\ 11|0 & & 111 \end{matrix}$$

一点杂交算子的一个重要特性是它可产生与原配对串完全不同的子代串，如上所示；另一个重要特性是它不会改变原配对串中相同的位，一个极端情况是当两个配对串相同时，杂交算子不起作用.

现在对交配池中指定百分比的个体应用杂交算子，假设杂交概率 p_c 是 50%，即意味着交配池中 50% 的个体（总共两个个体）将进行杂交. 交配池中余下的 50% 个体仅进行复制运算，所以在这个例子中复制概率 p_r 是 50%（即 100%—50%）.

表 1.5 给出了应用复制和杂交算子从第 0 代产生第 1 代的一个可能结果. 进行杂交的两个个体恰好是 011 和 110，杂交点选在 2，由杂交运算得到的两个子代串为 010 和 111. 因为 p_c 仅是 50%，所以交配池中另外两个个体不进行杂交，仅仅转移到下一代中. 表中最后一列的 4 个个体是在复制和杂交算子作用下产生的新群体，它们构成了遗传算法的第 1 代.

从表中可以看到，第 1 代群体中最好的个体具有适应值 7，而第 0 代最好的个体只具有适应值 6. 杂交产生了某些新的个体，并且在这个例子中，新的个体比它的两个父代串具有更高的适应值. 从总体上对第 0 代和第 1 代的群体进行比较，可以发现：

●群体的平均适应值从 3 改进到 4.25；

表1.5 复制和杂交算子的作用结果

i	第 0 代			交配池		第 1 代		
	串 x_i	适应值 $f(x_i)$	$\frac{f(x_i)}{\sum f(x_j)}$	x_i	$f(x_i)$	杂交点	x_i	$f(x_i)$
1	011	3	0.25	011	3	2	010	2
2	001	1	0.08	110	6	2	111	7
3	110	6	0.50	110	6	—	110	6
4	010	2	0.17	010	2	—	010	2
总和		12			17			17
最小值		1			2			2
平均值		3.00			4.25			4.25
最大值		6			6			7

●最好个体的适应值从 6 改进到 7;

●最差个体的适应值从 1 改进到 2.

在这个例子中,新的一代中最好的个体(即 111)是 110 和 011 的子代串.第一个父代串 110 恰好是第 0 代群体中最好的个体,第二个父代串 011 的适应值正好等于第 0 代群体的平均适应值,它们是基于其适应值被随机地选择到交配池中的.两个父代串的适应值都不在群体平均适应值之下,由它们杂交所产生的每个子代串都包含它们的染色体物质,在这种情况下,其中一个子代串比它的两个父代串的适应性都好.

这个例子说明了遗传算法利用复制和杂交算子可以产生具有更高平均适应值和更好个体的群体.

上面描述了遗传算法从第 0 代产生第 1 代的过程,然后遗传算法迭代地执行这个过程,直到满足某个停止准则.在每一代中,算法首先计算群体中每个个体的适应值,然后利用适应值信息,遗传算法分别以概率 p_r,p_c 和 p_m 执行复制、杂交和变异操作,从而产生新的群体.

停止准则有时表示成算法执行的最大代数目的形式，对那些一旦最优解出现就能识别的问题，算法可以当这样的个体找到时就停止执行.

在这个例子中，第 1 代中最好的经营决策 111 是：

•汉堡包的价格定在 50 美分；

•饮料提供可乐；

•提供快速服务方式.

经营决策 111 每周产生 7 美元的利润，是最优决策. 如果我们恰好知道 7 美元是能够获得的最大利润，那么在这个例子中可以在第 1 代就停止遗传算法的执行. 当遗传算法停止执行时，就把当前代中最好的个体指定为遗传算法的结果. 当然，遗传算法一般不会像在这个简单例子中执行到第一代就停止，而是要进行到数十代、数百代甚至更多代.

变异算子也是遗传算法中经常用到的遗传算子，它以一个很小的概率 p_m 随机地改变染色体串上的某些位，对于二进制串，就是相应的位从 1 变为 0 或 0 变为 1. 在上面的例子中没有个体进行变异，不过如果交配池中编号为 4 的个体 010 被选择进行变异且变异点选在2，那么原来的个体变为 000. 通过增加新个体 000，变异算子具有增加群体多样性的效果.

比起复制和杂交算子，变异算子是遗传算法中次要的算子，它在恢复群体中失去的多样性方面具有潜在的作用. 例如，在遗传算法执行的开始阶段，串中一个特定位上的值 1 可能与好的性能紧密联系，也就是说从搜索空间中某些初始随机点开始，在那个位上的值 1 可能一致地产生适应性度量好的值. 因为越高的适应值与串中那个位上的值 1 相联系，复制算子就越会使群体的遗传多样性损失. 当达到一定程度时，值 0 会从整个群体中那个位上消失，然而全局最优解可能在串中那个位上是 0 . 一旦搜索范围缩小到实际包含全局最优解的那部分搜索空间，在那个位上的值 0 就可能正好是达到全局最优解所需的. 这仅仅是一种说明搜索空间是非线性的方式，这种情形不是假定的，因为实际上所有我们感兴趣的问题都是非线性的．变异算子提供了一个恢复遗传多样性的损失的方法．

在准备应用遗传算法求解问题时，要完成以下四个主要步骤：

（1）确定表示方案；

（2）确定适应值度量；

（3）确定控制算法的参数和变量；

（4）确定指定结果的方法和停止运行的准则．

在常规的遗传算法中，表示方案是把问题的搜索空间中每个可能的点表示为确定长度的特征串．表示方案的确定需要选择串长 l 和字母表规模 k．二进制串是遗传算法中常用的表示方法．在染色体串和问题的搜索空间中的点之间选择映射有时容易实现，有时又非常困难．选择一个便于遗传算法求解问题的表示方案经常需要对问题有深入的了解．

适应值度量为群体中每个可能的确定长度的特征串指定一个适应值，它经常是问题本身所具有的．适应值度量必须有能力计算搜索空间中每个确定长度的特征串的适应值．

控制遗传算法的主要参数有群体规模 N 和算法执行的最大代数目 M，次要参数有复制概率 p_r、杂交概率 p_c 和变异概率 p_m 等参数．

至于指定结果和停止执行算法的方法前面已经讨论．一旦这些准备步骤完成，就可以执行遗传算法。

遗传算法的主要步骤如下：

（1）随机产生一个由确定长度的特征串组成的初始群体．

（2）对串群体迭代地执行下面的步（i）和步（ii），直到满足停止准则：

（i）计算群体中每个个体的适应值；

（ii）应用复制、杂交和变异算子产生下一代群体．

（3）把在任一代中出现的最好的个体串指定为遗传算法的执行结果．这个结果可以表示问题的一个解（或近似解）．

基本的遗传算法框图由图 1.1 给出，其中变量 GEN 是当前

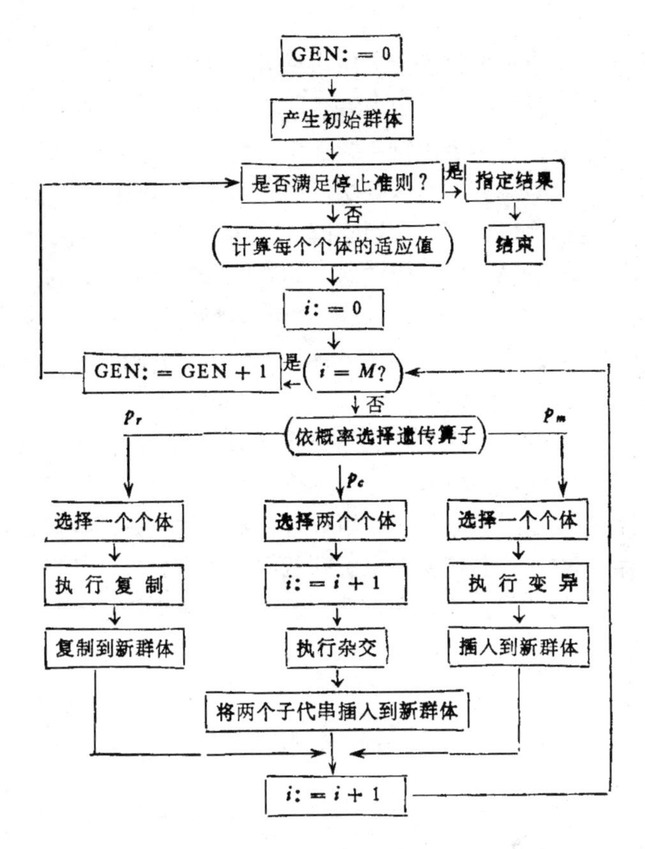

图 1.1 基本遗传算法的框图

代数.

关于基本的遗传算法有许多种描述形式，它们之间有较小的差异,这里给出的算法框图仅是其中的一种形式. 例如,变异经常视为与复制或杂交一起连续发生的操作，故一个给定个体可以在一代内进行复制和变异,或进行杂交和变异;另外，在本书的后面章节中,复制算子的执行次数设置为一个明确的数,而不是象在这个算法框图中按概率决定.

注意到这个算法框图没有明确地显示交配池的产生，取而代之的是基于适应值选择一个或两个个体进行每个遗传算子操作.

在前面引入交配池主要是为了简化算法的描述.

需要特别提到的是，遗传算法按不依赖于问题本身的方式作用在特征串群体上．遗传算法搜索可能的特征串空间以找到高适应值串，为了指导这个搜索，算法仅用到与在搜索空间中检查过的点相联系的适应值．不管求解问题的本身，遗传算法通过执行同样的、惊人简单的复制、杂交和偶尔的变异操作来完成它的搜索.

在实际应用中，遗传算法能够快速有效地搜索复杂、高度非线性和多维空间．出人意外的是遗传算法并不知道问题本身的任何信息，也不了解适应值度量.

我们可以利用特殊领域的知识来选择表示方案和适应值度量，并且在选择群体规模、代数、控制执行各种遗传算子的参数、停止准则和指定结果的方法上也可以采取附加的判断，所有这些选择都可能影响到遗传算法在求解问题中的执行效果，甚至关系到它能否起作用．但总起来说，遗传算法仍是按不依赖于问题本身的方式快速搜索未知的空间以找到高适应值点.

§1.3 表示方案的实例

遗传算法是一个搜索特征串空间的过程，其目的是找到具有相对高适应值的串．在应用遗传算法求解特殊问题之前，第一步就要确定用类似于染色体的串来表示问题的方法.

染色体串的方法是否可能用来表示许多问题呢？在前面一节的例子中，每个饭店的经营决策涉及到三个二元变量，所以可以很自然地用长度为 3 的二进制串来表示它.

下面再给出两个实例说明如何用染色体串来表示其它两个问题.

1.3.1 工程设计的最优化

遗传算法在实际应用中经常用到染色体串表示方法．下面以 Goldberg 和 Samtani 于 1986 在第九届电子计算国际会议上所发表的论文为依据，讨论一个工程最优化问题．

图 1.2 给出了十杆桁架的结构示意图，其中十个截面面积分别记为 $A_1, A_2, \cdots, A_{10}$．这个桁架由左边的墙支撑，并且它必须能经受如图所示的两个负载．每个杆上的应力必须在一个允许值范围内，这个范围由那个杆的应力约束来表示．优化的目标是找到这个负载桁架的每个杆的截面面积以使建造它的材料总重量（或费用）最小．

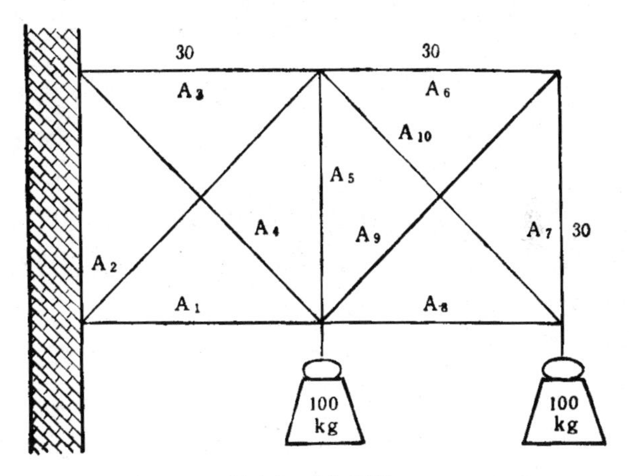

图 1.2　十杆桁架

这个问题要求搜索 10 维空间，找到值 $A_1, A_2, \cdots, A_{10}$ 的组合使其具有最佳适应值（即最小费用或重量）．

准备应用遗传算法的第一步是选择表示方案．一个常用的表示方案是把一组实数表示成确定长度的二进制串，其中每个实数与整个串的一部分相联系．这里假设每个截面面积在 0.1 平方英寸[1]到 10.0 平方英寸之间，有 16 个可能的值，其中等于 0.1 平方英寸的截面面积用 4 位串 0000 表示，等于 10.0 平方英寸的截面面积用 4 位串 1111 表示，其他的具有中间值的截面面积用余下的14 个 4 位串编码．

1）1 英寸＝2.54 厘米．

图 1.3 给出了表示十杆桁架的染色体串，其长度为 40。在这个 40 位串中，头 4 位编码桁架的第一个杆的截面面积 A_1，这 4 位允许桁架的第一个杆的截面面积取 16 个不同的可能值中的一个. 例如，第一个截面面积 A_1 编码为 0010，对应于 0.66 平方英寸. 其它九个截面面积可类似地用二进制串来表示.

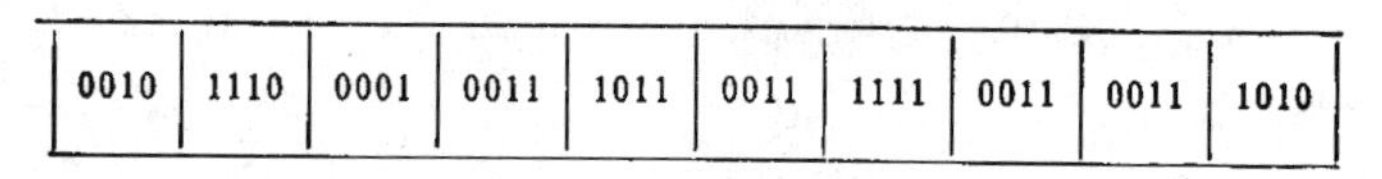

0010	1110	0001	0011	1011	0011	1111	0011	0011	1010

图 1.3 表示十杆桁架的染色体串

这个表示方案包含规模 $k=2$ 的字母表、长度 $l=40$ 的染色体串以及在十个实值截面面积与 40 位染色体串之间的映射. k，l 和映射的选择构成了准备应用遗传算法的第一步.

这个问题的搜索空间规模为 2^{40}，大约为 10^{12}.

准备应用遗传算法的第二步是确定适应值度量以检测由一个特定 40 位串表示的十杆桁架解决问题的好坏程度. 在搜索空间中，给定点(即桁架的给定设计)的适应值就是桁架全部十个杆的材料的总费用. 如果搜索空间中一个点违反十个应力约束中的一个或多个，则其适应值是材料总的费用再加上由于不可行性的惩罚. 在这个问题中，适应值度量是十个变量的高度非线性函数.

准备应用遗传算法的第三步是确定控制算法的参数和变量. 最重要的两个参数是群体规模 N 和算法执行的最大代数目 M. 在 Goldberg 和 Samtani 的文章中，$N=200$，$M=40$.

准备应用遗传算法的第四步是确定停止执行的准则和指定结果的方法. 这里当最大代数目执行完后就停止算法的执行并指定执行中得到的最好结果作为算法的结果.

一旦这四个准备步骤完成，遗传算法就按不依赖于问题本身的方式去求解问题. 遗传算法的目标是搜索这个多维、高度非线性空间以找到具有最优适应值(即最小重量或费用)的点.

采取上面的表示方案，Goldberg 和 Samtani 应用遗传算法找到了十杆桁架的可行设计，且其材料总的费用不超过已知最佳解的百分之一.

1.3.2 人工蚁问题

作为遗传算法表示方案的第二个实例，下面考虑人工蚁导向任务，即引导一只人工蚁找到放在一条不规则轨道上的所有食物．研究的目标是发现能执行这个任务的一个有限状态自动机．

人工蚁在平面上的一个 32 × 32 的正方超环网格上移动．它的起始位置在网格的左上角方格，坐标记为(0,0)，并且开始时它朝向东边．

"圣菲轨道"是一条不规则的弯曲轨道，上面放置了 89 块食物．这条轨道不是直的和连续的，而是有单间隙、双间隙、拐角处的单间隙、拐角处的双间隙和拐角处的三间隙．

图 1.4 显示了"圣菲轨道"，其中食物由黑色方块表示，间隙由

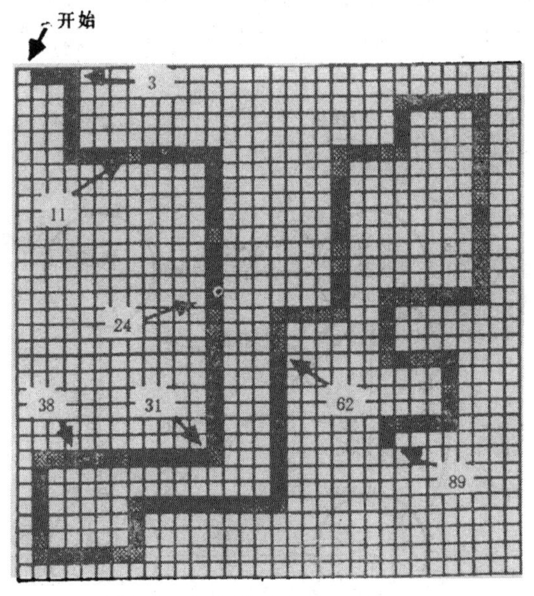

图 1.4　人工蚁问题的圣菲轨道

灰色方块表示．数字标记轨道的关键特征位置，它的值等于出现

在轨道上起点和这个特征位置之间的食物块数。例如，数字 3 标记第一个拐角(位于轨道上三块食物之后);类似地，数字 31 标记轨道上第一个单间隙，数字 38 标记轨道上第一个拐角处的双间隙。

人工蚁的视域非常有限,特别地,它的传感器仅能探明在它当前面对的方向上相邻的唯一方格。人工蚁可以执行下面四个简单的动作:

· 右转 90°(无移动);

· 左转 90°(无移动);

· 朝当前面对的方向上向前移动,当它移进一个方格时,如果在那个方格中有食物,它就吃掉食物;

· 不动。

人工蚁的目标是在合理的时间内爬过整个轨道(因此吃掉所有食物).具有时间限制的人工蚁问题向人们提出了一个困难而富有挑战性的问题。Jefferson 和 Collins 等人于 1991 年成功地应

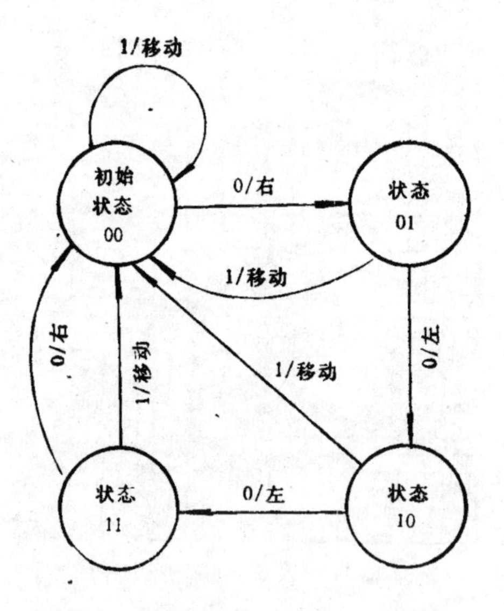

图 1.5 四状态自动机的状态变化示意图

用遗传算法发现了能使人工蚁爬过轨道的有限状态自动机.

准备应用遗传算法的第一步是选择表示方案. Jefferson 等人采用描述自动机状态变换表的二进制串来表示各个自动机.

为了说明用一个确定长度的特征串表示有限状态自动机的过程,考虑四状态自动机,它的状态变换示意图见图 1.5.

在图 1.5 中,自动机有四个状态, 分别由四个圆圈表示, 自动机的开始状态 (状态 00) 在图的左上角. 自动机的输入来自人工蚁的传感器,它由一位组成,表示人工蚁正面对的近邻方格上有或没有食物. 如果人工蚁探明到食物 (即输入为 1), 那么它向前移动. 到自动机的传感器输入 1 和移动的输出由图中顶部开始于状态 00 的弧线所示,这个弧线(标明为"1/移动")表示当自动机是在状态 00 并得到传感器输入 1 时发生的状态变换. 这个状态变换可以解释为,如果人工蚁探明到食物, 它就向前移动(吃掉出现在轨道上的食物),然后回到状态 00.

另一方面,如果人工蚁探明到没有食物(即输入为 0), 那么它向右转并结束在新的状态 01 (图的右上角),这个状态变换用标明为"0/右"的弧线来指示.

在这个新的状态 01, 如果人工蚁现在探明到有食物, 它就向前移动(吃掉食物)并且返回到状态 00; 但是, 如果人工蚁仍然探明到没有食物,它就向左转并且结束在状态 10.

状态 10 是在两个连续动作之间的中间状态, 通过向左转,人工蚁重新回到它原来面对的方向. 因为人工蚁还没有移动, 并且我们知道在它原来面对的方向上没有食物,所以它必须向左转,结束在状态 11. 从状态 10 出来的标明为 "1/移动"的弧线之所以画出来,是为了完备性的目的,然而这个状态变换不可能发生.

如果人工蚁在状态11探明到食物,它就向前移动(吃掉食物),然后返回到状态 00.

由上所知,如果最初在人工蚁的前方、或右方、或左方有食物,那么人工蚁会移动到那个方格(吃掉食物)并返回到状态 00, 接着它将准备在新的位置重复这个过程. 只要食物出现在人工蚁的前方、或右方、或左方，这个四状态自动机就有能力引导人工蚁爬过轨道.

如果人工蚁的前方、或右方、或左方都没有食物，它将返回到状态00. 这个到状态 00 的返回将会导致一个无限循环. 因为"圣菲轨道"上有许多间隙以及它的不规则性，这个四状态自动机不足以作为人工蚁问题的解.

关于这个四状态自动机的状态变换示意图可以转化成表 1.6 所示的状态变换表，其中第 2 列表示人工蚁的当前状态，第 3 列表示二进制输入，第 4 列显示了在自动机从第 2 列的状态开始并接到第 3 列的输入的条件下，它将变到的新状态，第 5 列显示了人工蚁执行的动作. 表 1.6 中的每一行对应于图 1.5 中的每一个状态变换(弧线).

通过把表中每行最后两列的四位串在一起，我们可以把这个状态变换表转化成二进制串(即染色体)，并在串的开头附加两位(即 00) 来指定初始状态.

图 1.6 给出了表示关于四状态自动机的状态变换表的 34 位染色体串.

表 1.6　四状态自动机的状态变换表

	当前状态	输　入	新状态	操作
1	00	0	01	10=右
2	00	1	00	11=移动
3	01	0	10	01=左
4	01	1	00	11=移动
5	10	0	11	01=左
6	10	1	00	11=移动
7	11	0	00	10=右
8	11	1	00	11=移动

00	0110	0011	1001	0011	1101	0011	0010	0011

图 1.6　表示状态变换表的 34 位染色体

这个表示方案可以把一个有限状态自动机表示成遗传算法所要求的染色体串形式,然而这个 34 位串仅能表示具有四个或更少状态的自动机. 如果问题的解要求多于四个状态，这个表示方案就不能表示那个解. 对于人工蚁问题，表示方案的选择决定了最后解的最大规模和结构复杂性. 在常规遗传算法中，表示方案在算法执行过程中一般是不变的.

因为轨道具有许多不同类型的间隙和不规则性，所以四状态自动机不足以解决这个问题. 对这个问题,Jefferson 等人实际上没有选择 34 位表示方案,而是把自动机的状态数增加到 32 个.对于具有 32 个状态的自动机,由于在每个状态下有两个可能的传感器输入,所以其状态变换表有 64 行.在表中的每一行,人工蚁的操作(即自动机的输出)仍然可以按两位编码. 自动机的下一个状态必须用 5 位来编码以适合 32 状态自动机. 一个 32 状态自动机的整个发生的变化可以用 453 位二进制串来描述,其中有 64 个长度为 7 的子串和附加的表示初始状态的 5 位子串.

综上所述,人工蚁问题的表示方案包含规模 k 为 2 的字母表,长度 l 为 453 的染色体串以及在自动机和染色体串之间的映射. k,l 和映射的选择构成了应用遗传算法的第一个主要准备步骤.

应用遗传算法的第二个准备步骤是确定适应值度量以检测一个特定的串解决问题的好坏程度. 在人工蚁问题中，如果人工蚁的行动是被由 453 位串表示的有限状态自动机控制，那么一个特定的 453 位串的适应值就是在合理时间内吃掉的食物块数. 因为有限状态自动机可能进入无限循环(正如前面已经看到的那样)以及要排除自动机对所有 1024 个方格进行穷举搜索,所以要设置最大时间步数,在人工蚁问题中，这个限制可以取为 200 个时间步. 人工蚁的适应值就是在最大时间步数内或直到这个时间为止吃掉的食物块数，因此适应值的变化范围为 0 到 89(即轨道上的食物块数).

Jefferson 等人把控制算法的两个主要参数群体规模 N 和最大代数目 M 分别取为 65536 和 200，并且他们在大规模并行连接机（Connection Machine）上执行了他们的算法，其中一次的运行得到了适应值为89的串，这个解恰好是在第200个时间步完成了找到所有89块食物的任务.

§1.4 遗传算法的特点

与传统的优化算法相比，遗传算法主要有以下几个不同之处：

（1）遗传算法不是直接作用在参变量集上，而是利用参变量集的某种编码；

（2）遗传算法不是从单个点，而是从一个点的群体开始搜索；

（3）遗传算法利用适应值信息，无须导数或其它辅助信息；

（4）遗传算法利用概率转移规则，而非确定性规则.

遗传算法的优越性主要表现在：首先，它在搜索过程中不容易陷入局部最优，即使在所定义的适应函数是不连续的、非规则的或有噪声的情况下，它也能以很大的概率找到整体最优解；其次，由于它固有的并行性，遗传算法非常适用于大规模并行计算机.

（一） 全局优化

对于工程和科学中的许多实际问题，找到一个最优解的唯一可靠的方法是穷举法，即搜索问题的整个参变量空间. 然而在许多情况下，由于参变量空间太大，以致在限定的时间内只可能搜索其中极小的一部分，这样就存在一个问题：怎样组织搜索，才可能有效地确定近似最优解?

一个常用的算法是爬山法：从某一随机点出发，在选定的方向上进行微小的变动，若得到更优的解，则在这个方向上继续进行迭代，否则，就转到相反的方向. 然而，复杂的问题在搜索空间中会出现许多峰值点，随着参变量空间维数的增大，其拓扑结构也可能更加复杂，这时不用说寻找正确的峰值点，即使确定上山的方向也会变得越来越困难.

遗传算法象撒网一样，在参变量空间中进行搜索，由串组成的群体在遗传算子的作用下，同时对空间中不同的区域进行采样计算，从而构成一个不断进化的群体序列.

遗传算法的一个突出能力就是能把注意力集中到搜索空间中期望值最高的部分，这是遗传算法中杂交算子作用的直接结果.杂交过程是模拟生物界中的有性繁殖，它是遗传算法中最重要的部分，很多遗传算法研究者都认为，如果从一个遗传算法中去掉杂交算子，则结果将不再是一个遗传算法，而对变异算子则不这样看待. 事实上，利用杂交算子是遗传算法区别于其它所有优化算法的根本所在. 某些优化算法，例如演化规划，它也是模拟生物演化过程，与遗传算法相比，仅仅是算法中少了杂交算子.

为了避免陷入局部最优，在遗传算法中还引入了变异，一方面可以在当前解附近找到更好的解，另一方面还可以保持群体的多样性，确保群体能够继续进化.

对群体进行简单的复制、杂交和变异作用是遗传算法的精髓.为了寻找最优解，传统方法是用启发式策略，在单个猜测解的邻域探寻，即使算法中允许偶尔地跳到解空间中更远的部分，这些启发式算法也往往趋向于陷入局部最优. 通过保持在解空间不同区域中多个点的搜索，遗传算法能以很大的概率找到全局最优解.

（二） 隐含并行性

在搜索过程中，遗传算法唯一需要的信息是适应值. 适应值是怎样指导搜索向不断改进的方向前进呢？为了更清楚地回答这个问题，我们考虑前面表 1.2 中的串和适应值：

串	适应值
011	3
001	1
110	6
010	2

如果仔细观察这四个串，就会注意到串之间有一定的相似点，并且某些串的结构似乎与高的适应值相联系. 例 如 在 搜 索空间

中，首位是 1 的串似乎是其中最好的，这可能是在选择经营决策中一个重要的因素吗？对于例子中的适应函数（$f(x) = x^2$）以及所用的编码，回答无疑是肯定的．然而，我们这里所做的是相互独立的两件事，第一是在一个群体的串中间寻找相似点；第二是探寻这些相似点与高适应值之间的因果关系．这样就引入了大量的新信息来帮助指导搜索．为了准确地统计这些新信息的量，我们介绍一个重要的概念——模式，即相同的构形．

一个模式就是一个相同的构形，它描述的是一个串的子集，这个集合中的串之间在某些位上相同．不失一般性，仍考虑二元字母表{0,1}，为了方便地描述一个模式，我们添加一个特别的符号*到这个字母表中，它表示不确定字母．通过利用三元字母表{0,1,*}，一个模式就可以看成是一个模型匹配器．一个模式与一个特定的串相匹配是指在它们之间对应的位置上，1 与 1 相匹配，0 与 0 相匹配，*与 0 或 1 相匹配．例如模式*1*描述了一个四个元的子集{010,011,110,111}．

对于二进制代码串，当串长 $l = 3$ 时，共有 $3^3=27$个不同的模式．一般地，对于 k 个元的字母表(不包括*)，共有 $(k+1)^l$ 个模式．表面上看，模式似乎使得搜索更加困难，对于 k 元字母表，仅有 k^l个不同的长为 l 的串．为什么要考虑一个增大的空间呢？正如前面所看到的，如果独立地考虑群体中的各个串，则仅能得到N条信息，其中N为群体的规模；然而，当把适应值和各个串结合起来考虑，发掘串群体中的相似点，我们就得到了大量的信息来帮助指导搜索．通过考虑相似点，可以得到多少信息呢？这个问题的答案是与包含在群体中唯一的模式的数目相关，要准确地统计这个量，需要知道在一个确定群体中的所有的串．这里我们只一般地对二进制串给出一个群体中模式数目的上、下界．

考虑一个长度为 3 的串 111，由于在每位上可取 1 或*，这个串是 2^3 个模式中的一个元．一般地，一个特定串含有 2^l 个模式，那么规模为N的群体共含有从 2^l 到 $N \cdot 2^l$ 个模式，具体结果依赖于群体的多样性．这个结果表明，关于相似点的大量信息确实包含在规模不大的群体中.

遗传算法是如何利用这些信息呢？下面分别考虑从一代到下一代中复制、杂交和变异对模式的作用效果. 由于适应值越高的串得到复制的机会也越多，从而优于平均适应值的串在下一代将会产生更多的子代串,但复制没有检验模式空间中新的点.

杂交的目的是验测模式空间中新的部分，而不是在相继代中反复检查同一个串. 杂交是否破坏一个模式，这取决于模式的定义长度，即串中第一个和最后一个确定的字母之间的距离. 例如模式1*0和11*,它们的定义长度分别为 $3-1=2$ 和 $2-1=1$. 第一个模式容易被杂交过程破坏，而第二个模式则相对不易被破坏. 结果是定义长度短的串被保留下来，并且通过复制算子以很高的概率复制. 对于变异而言,由于它是以很低的概率进行,所以不会频繁地破坏一个特定的模式.

总之,高适应值、定义长度短的模式会按指数增长的方式从一代传播到下一代，这些都是并行执行的. 遗传算法通过控制群体中N个串实际上能反映大量的模式,具体来说，能反映 $O(N^3)$ 阶个模式，严格的数学论证见下一章. 遗传算法这种隐含的并行性是它优于其它算法最主要的因素.

§1.5 遗传算法的发展简史

遗传算法早期的研究工作始于本世纪60年代. 下面按年代的顺序,以重要的人物及其研究成果为线索,简要地介绍遗传算法研究的发展过程.

(一) Holland 和自适应系统

50 年代末 60 年代初，一些生物学家开始利用计算机对遗传系统进行模拟. 在此期间,Holland 正在从事自适应系统的研究. 受生物学家们模拟结果的启发，Holland 和他的学生们首次应用模拟遗传算子来研究适应性中的人工问题.

适应性的研究涉及到自适应系统和其环境. 一般地，它是研究系统如何生成过程，以使系统有效地适应它们的环境．如果适应性在开始时不是任意限制的，那么自适应系统必须能生成一个具有有效定义能力的方法或过程[1]．

60 年代中期，Holland 开发了一种编程技术——遗传算法，其基本思想是利用类似于自然选择的方式来设计计算机程序[5]．在软件设计中，适应性是基于监督程序的不同选择，通过不断剔除效果不佳的程序，让那些求解问题好的程序越来越占据优势，从而使系统最终能适应任意的环境．除了认识到选择的必要性之外，Holland 还十分肯定地赞同群体搜索的方法要优于当时文献中普遍的单个结构到单个结构的方法．在随后的 10 年中，Holland 致力于创建一种能表示任意计算机程序结构的遗传码，以拓广遗传算法的应用领域[2-4]．

（二）Bagley 和自适应下棋程序

1967 年，Bagley 发表了关于遗传算法应用的第一篇论文并且首次提到了"遗传算法"这个名称[6]．当时，人们对下棋程序有浓厚的兴趣，Bagley 设计了一个可控制的试验棋盘，模拟六个棋子的下棋游戏．

Bagley 构造的遗传算法是用来搜索下棋游戏评价函数中的参数集，它与我们现在应用的遗传算法很相似，其中利用了类似于本章前面所描述过的遗传算子，例如复制、杂交和变异算子．另外，Bagley 还敏锐地意识到在遗传算法的开始和结束阶段需要有适当的选择率，为此，他引入了适应值比例机制，在算法执行的起始阶段减小选择的强制性，在算法执行的后阶段增加选择的强制性，因而，当接近群体收敛时，在类似的高适应值的串之间保持了适当的竞争．今天的遗传算法研究人员也采取了与之相似的步骤．

（三）Cavicchio 和模式识别

1970 年，Cavicchio 应用遗传算法解决了人工搜索中的两个问题：子程序选择问题和模式识别问题[7]．

Cavicchio 采用 Bledsoe 和 Browning 的模式识别方案[8]，其中一个图象划分成 25 × 25 个网格，这样就形成 625 个象元素，每个象元素是一个二进制数，这种方法仅能区分两种色调——白和黑．首先选择一组特定性质的探测器，其中每个探测器本身是一个象元素的子集．在训练阶段，从命名的类中取出已知的图象送到识别机，将探测器状态表存贮起来并与图象类别名相联系；在识别阶段，将一个未知的图象送到识别机并计算出一个简单的匹配分数，从而为未知图象建立了一个图象类别名的排列表．尽管这种方案本身非常简单，然而，仅当对一个特定问题选取一组有意义的探测器时，它才很有效．因此，要想很好地实施 Bledsoe 和 Browning 方法就转化为找到一组好的探测器，Cavicchio 应用遗传算法解决这个探测器设计问题．他规定每个特别的设计平均有 110 个探测器，其中每个探测器有 2 到 6 个象元素点，并用交替的正整数和负整数簇作为串的编码．

在 Cavicchio 的遗传算法中，他采用了一个预选择策略，即一个好的子代替换它的一个父代，以便保持群体的多样性．当群体规模比较小时，群体多样性的保持尤其显得重要，预选择策略有助于此，后来 De Jong 采用类似的方法成功地运用于函数优化研究之中[9]．

（四）Hollstien 和函数优化

1971 年，Hollstien 完成了关于遗传算法在纯数学优化应用方面的第一篇学术论文[10]，主要研究了五种不同的选择方法和八种交配策略．在 Hollstien 的计算机实验结果中，他是采用 16 位二元串，其中两个 8 位参数是用无符号二进制整数或 Gray 码整数来编码的，群体规模为 16 个串． Hollstien 指出了由于群体规模太小（$N=16$）所引起的问题，并指出将来的研究要采用更大规模的群体．

（五）De Jong 和函数优化

1975 年，也就是在 Holland 出版了那本很有影响的专著的同一年，De Jong 完成了他的博士学位论文—— An Analysis of the Behavior of a Class of Genetic Adaptive Systems[9]．De Jong 把 Holland 的模式定理和他自己细致的计算结果成功地结

合在一起，他的研究成果至今仍是遗传算法发展史上的里程碑.

与 Hollstien 早期的研究一样，De Jong 主要考虑了遗传算法在函数优化中的应用，他建立了一组测试函数，其中包括非凸函数、不连续函数、带有随机数的函数以及高维函数. 70 年代后期，De Jong 对遗传算法进行了大量的数值实验，得出了一个结论，对于规模在 50 到 100 的群体，经过 10 到 20 代的演化，遗传算法都以很高的概率找到最优或近似最优解[11]. 这个结论对于一个变化非常大的问题空间也成立. De Jong 指出，串中每位的变异概率只要在 0.001 的数量级，就足以能防止搜索陷入局部最优.

（六）Goldberg 和管道系统优化

到 80 年代早期，遗传算法已在更广泛的领域中得到应用. 1983 年，Goldberg 将遗传算法应用于管道系统的优化和机器学习问题[7]. 该系统模拟了从西南向东北输运天然气的管道系统. 这条复杂的管道由许多分支构成，各个分支输送不同量的气体. 能用的控制器仅有压缩机和阀门. 前者用来增加管道中特定的分支的压力，后者用来控制进出储存器的气体流量. 因为在操纵阀门或压缩机与管道中实际压力的变化之间存在极大的时间滞差，所以这个问题没有解析解. 象 Goldberg 算法这样的人工控制器也必须要经过学习.

Goldberg 的系统不仅用与实际系统相当的成本满足了供气要求，而且也发展了一套分层容错规则，它能够对管道漏洞采取适当的反应.

（七）医学图象变换

1984 年，Fitzpatrick，Grefenstette 和 Van Gucht 利用遗传算法处理了医学图象变换问题[12]. 图象变换是医学图象系统中的一部分. 在这个系统中，医生要通过比较两张 X 光片来检查怀疑有病变的动脉的内部，其中一张是在注射染剂之前拍的，另一张是在注射之后拍的. 把这两个图象数字化，并按逐个象元素相减，来查看它们之间的差异，如果两张图象的不同仅是外加的染剂，图象相减的结果将只有染剂覆盖的区域不同. 遗憾的是，这只是个大胆的假设。病人的轻微移动就可能导致图象不按直线排列，因而混淆了不同的图象. 因此，在对不同的图象计算之前，图象一定要经直线排列或变换处理，其中注射染剂前得到的图象要进行双线性形式变换：

$$x'(x, y) = a_0 + a_1 x + a_2 y + a_3 xy$$
$$y'(x, y) = b_0 + b_1 x + b_2 y + b_3 xy$$

尽管变换的数学形式是确定的，但变换的系数是未知的. Fitzpatrick 等人利用遗传算法搜索这些系数，使得注射前和注射后的图象差异降到最低. 这里最低的意义是基于图象的平均绝对差异. 在他们的遗传算法中，图象四个角上的每个点的 x 和 y 坐标是用 8 位子串编码的，并且每个点在 −8 到 +8 个象元素位移之间进行线性映射. 双线性映射中 x 和 y 的 8 个系数唯一地由在图象上的四个角的图象位移向量唯一地确定. 遗传算法利用连在一起的 64 位串来搜索令人满意的变换. 他们的数值结果表明，对人工图象和实际 X 光片的处理都是成功的.

（八）囚犯困境问题

遗传算法除在数学和工程设计中有广泛的应用外，还能处理社会科学中的问题. 80 年代中期，Axelrod 和 Forrest 合作研究了一个从政治学和对策论中得出的问题——囚犯困境游戏[7],[13].

囚犯困境游戏最简单的形式是，参加游戏的双方可选择与对方合作或背叛对方. 根据表 1.7 的支付矩阵， 每个人可根据双方的选择得到一个分数，若双方合作则两人都得相同的奖赏分 R；若一方背叛，则他得最高引诱分 T，另一方上当被罚得零分 S；若双方都背叛，则两人都得补偿分 P.

表 1.7

游戏者	(2) 合作	(2) 背叛
(1) 合作	$(R = 6, R = 6)$	$(S = 0, T = 10)$
(1) 背叛	$(T = 10, S = 0)$	$(P = 2, P = 2)$

囚犯困境游戏提供了一个简单的例子来说明合作的困难．对策论预言，每个游戏者都会将对方强加的最大损失降到最小，也就是说双方都会背叛．然而，当两人一起重复玩过几次之后，大都能学会相互合作来提高彼此的分数．囚犯困境游戏中一个最有效的策略是“针锋相对”，开始时先合作，然后模仿对手的上一次选择，也就是在下一次游戏中，以背叛惩罚背叛，用合作报答合作．

Axelrod 和 Forrest 试图判断遗传算法能否发现针锋相对策略．应用遗传算法首先需要将可能的策略转换为串，一个最简单的办法是基于前三次游戏的结果来决定下次的反应．每次游戏有 4 个可能的结果：两个合作，用 CC 表示；第一个人合作，另一个人背叛，用 CD 表示；第一个人背叛，对方合作，用 DC 表示；两个都背叛，用 DD 表示．Axelrod 首先用一个三位字母串作为一个特定行为序列的编码，例如，RRR 表示前三次游戏中两人都合作，SSP 表示开始两次第一人上当，最后一次两人都背叛．把这种编码视为 4 进制整数，其中按下列方式规定行为字母：$CC=R=0$，$DC=T=1$，$CD=S=2$，$DD=P=3$，则一个三位字母序列就对应于一个 0 到 63 之间的整数．在这种方式下，如三次共同背叛序列（PPP）就译为 63．利用这种编码，Axelrod 将一个特别的策略（基于前三次游戏）定义为一个 64 位二元串，每位取 C 或 D，其中 C 表示合作，D 表示背叛．利用这个方案，在第 0 位上的 D 就可译成一个规则 $RRR \rightarrow D$，在第三位上的 C 就可译成规则 $RRP \rightarrow C$．每一位取 C 或 D 依赖于它过去的行为，即过去所采取的对策是合作还是背叛．例如一个 64 位上都是 D 的串表示在任何情况下都采取背叛的策略，就连这样一个简单的游戏，也有 2^{64} 种不同的策略．

在 Axelrod 和 Forest 的遗传算法中，初始群体为少量表示不同策略的随机串．每个串的适应值就是该策略在多次游戏中的平均得分．因为玩囚犯困境游戏的大部分策略都不是很好，所以所有这些串只有较低的适应值．遗传算法能很快找到并且利用针锋相对策略．更进一步，进化还引入了附加的改进．对于可能被欺骗的对手，当遗传算法玩游戏达到高水平时所发现的新策略就能引诱他面临背叛的情形下重复地采取合作,反之,当从前的游戏过程表明对手不会受骗时,它又再次采用针锋相对策略.

（九）Holland 和分类系统

基于遗传算法的机器学习的最一般的例子就是 Holland 建立的分类系统[5],[15]. 一个分类系统由一组规则组成，它们通过自适应来学习控制和解释一些外部环境的行为. 一旦某种信息满足了规则的条件，该系统就执行特定的行为. 条件和行为是用位串来表示的. 这些位串与规则的输入和输出中与是否具有明确的特征相对应. 当具有某一特征时,串中的对应位为 1，反之，对应位为 0. 在分类系统中，有三个互相联系的子系统：规则和信息部分、规则评价部分、以及遗传算法部分. 基本上,分类是执行下面的操作循环：

（1）将外部环境中输入的信息处理成固定长度的位串，并放入一个位串表中；

（2）将表中所有的位串与每个分类的条件部分进行比较，并把行为部分的匹配结果视为一个新的位串表中可能的元；

（3）通过规则评价和遗传算法作用后,产生一个新的位串表,并用它替换旧的位串表. 然后，这个新表中的位串被处理成供外部环境的输出信号.

规则评价部分负责判断哪些添加的分类将形成新的位串表. 这个判断是基于分类强度——一个指定给每个分类的有效性动态度量. 越好的分类具有越大的强度,并且相对于比较差的分类,规则评价系统优先选择好的分类的行为部分. 一个分类被选择的机会越多,它的强度也会变得越大.

利用遗传算子,遗传算法部分负责生成新的分类,较差的分类被那些新的分类所代替.

在美国 Santa Fe 学院，Holland 等人用分类系统模拟了一些具有有限推理能力的经济代理商. 经过演化，这些代理商都发展到能根据一个简单商品市场的动向采取行动的程度. 迄今为止，对分类系统的研究工作表明，它们有能力处理非常复杂的行为。

（十）遗传算法的进展

从1985年到1993年，国际上已经召开了五届遗传算法学术会议。1989年，美国亚拉巴马大学的 David Goldberg 出版了搜索、优化和机器学习中的遗传算法一书（*Genetic Algorithms in Search, Optimization, and Machine Learing*）[7]，为遗传算法这个领域奠定了坚实的科学基础。1991年，Lawrence Davis 出版了遗传算法手册（*Handbook of Genetic Algorithms*）[14]，对有效地应用遗传算法具有重要的指导作用。

目前，遗传算法已在更广泛的领域中得到了应用。美国通用电器公司和 Rensselaer 综合学院的一批学者成功地将遗传算法用于喷气发动机的涡轮设计之中。这种涡轮由一组装在近乎圆柱形气缸内的多级静止的和旋转的叶栅组成，它是发动机发展计划中的核心部件。该计划将花费五年或更长的时间，预计耗资二十亿美元。

一个涡轮的设计涉及到至少100个变量，每个变量可取不同范围的值，从而形成的搜索空间包含不少于10^{387}个点。涡轮的适应值依赖于它满足一组约束条件的程度，这组约束大约有50个，其中有内壁和外壁的光滑性以及气缸内各点的压力、速度和湍流等。评价一个设计方案需要运行一个发动机模拟程序，这在一般的工程工作站上将花费30秒钟。

一般地说，一个工程师独立工作八周可以得到一个满意的设计。专家系统利用基于经验的推断规则，可以预测改变一个或两个变量的效果，这有助于指导设计人员找到有用的修改。一个工程师利用这样的专家系统在不到一天的时间内就可以完成一个设计，并且要比由八周人工设计得到的方案的效果改进两倍。

然而，这样的专家系统不久就会陷入这样一种情形，此时只有同时改变许多变量，设计方案才能进一步改进。之所以会产生这种情形，是因为要区分与不同的多重变化相关的所有效果简直是不可能的，更不用说要确定出设计空间内保持过去的经验仍然有效的区域．为了进一步改进设计方案，有必要把专家系统与遗传算法结合起来．把专家系统生成的设计方案作为遗传算法的起点，一位工程师仅花两天的时间就能得到一个设计方案，其改进的效果是人工设计方案的三倍．

另据92年4月的IEEE EXPERT报道，美国海军研究实验室的科学家们利用遗传算法来控制计算机模拟的军舰的操作和作战策略，如导航、导弹躲避和跟踪等．这个系统称为Samuel，取名于一个研究机器学习的先驱．Grefenstette将这个系统发展成使军舰的行为具有自动学习的能力，其中刺激反应原则将当前环境下的处境映射到在这个环境下执行的行为．利用适者生存原理，遗传算法保持一个竞争的群体，经过杂交过程，最后从多种方案中发现一个好的策略．

这个实验室的另一位科学家Schultz正利用Samuel系统为水下潜艇提供导航策略．他模拟一个水下潜艇通过一个随机产生的水雷区的实验．Samuel系统从一个平均成功率为8%的策略群体开始，最后得到的策略具有96%的成功率．目前，这个实验室的科学家们正进一步完善Samuel系统，使其更具实际意义．

§1.6 遗传算法的研究内容及其前景

遗传算法的研究工作主要集中在以下几个方面：

(1) 性能分析．遗传算法的性能分析一直都是遗传算法研究领域中最重要的主题之一．在遗传算法中，群体规模、杂交和变异算子的概率等控制参数的选取是非常困难的，同时，它们又是必不可少的实验参数，这方面已有一些具有指导性的实验结果．遗传算法还存在一个过早收敛问题，也就是说遗传算法的最后结果并不总是达到最优解，怎样阻止过早收敛也是人们感兴趣的问题之一．另外，为了拓广遗传算法的应用范围，人们在不断研究新的遗传表示法和新的遗传算子．

(2) 并行遗传算法.遗传算法在操作上具有高度的并行性，许多研究人员都正在探索在并行计算机上高效执行遗传算法的策略. 最近几届的遗传算法国际会议论文集上也收录了不少这方面的文章. 对并行遗传算法的研究表明，只要通过保持多个群体和恰当地控制群体间的相互作用来模拟并行执行过程，即使不使用并行计算机，我们也能提高算法的执行效率.

(3) 分类系统. 分类系统属于基于遗传算法的机器学习中的一类，它包括一个简单的基于串规则的并行生成子系统、规则评价子系统和遗传算法子系统. 分类系统正被人们越来越多地应用在科学、工程和经济等领域，例如，规则集的演化能预估公司的利润和对字母序列进行预测. 目前，分类系统是遗传算法研究中的一个非常活跃的领域.

近年来，遗传算法的研究领域中出现了一些新的动向. 1991年在美国的 San Diego 召开了第四届遗传算法国际学术会议[16]. 下面简要地综述这次会议上新的主题.

在遗传算法的基础理论研究方面，人们根据算法的适用性对问题的类型进行了划分. 尽管遗传算法不能保证在多项式时间内找到 NP 完全问题的最优解[17]，然而它经常能找到组合问题很好的次优解. 遗传算法能容易处理的函数称为遗传算法易解函数. Wilson 比较了遗传算法易解函数与可通过每次改变一位来优化的函数之间的不同[18]. 遗传算法不容易处理的函数称为"欺骗"函数. Mason 给出了这类函数的一个很好的定义[19]. Vose 利用模式的扩展形式分析了遗传算法"欺骗"函数[20].

在遗传算法的模型方面，人们为了提高遗传算法的搜索能力，提出了几个扩展的遗传算法模型. 关于遗传算子，Syswerda 提出了一致杂交算子[21]，它是随机地交换位序列来保持群体的多样性. Eshelman 提出通过阻止类似的个体之间的杂交来防止过早的收敛[22]. Whitley 提出了"δ 编码"方法[23]，通过对远离一些先前的局部解的距离（δ 值）进行编码来找到更精确的解. 至于处理遗传算法"欺骗"函数，Das 提出了一个超平面搜索方法[24]，其中相互竞争的超平面,例如1*****和0*****，是通过指定一个随机序列到*上来统计地搜索,这种方法可处理某类“欺骗”函数. Goldberg 提出了一个更有效的模型——混乱遗传算法[25]，它生成 k 阶短模式,并通过每次至少改变 k 位来避免落入局部解.

针对特定的问题,为了改进算法的搜索时间,人们提出了特别的遗传表示法和遗传算子. Sugato 对任务排队问题提出了一个遗传算法模型并讨论了特定问题算子的有效性[26]. Nakano 提出了一个新的“强迫”技术[27]，把一个任务排队问题的不合法解用相拟的合法解来替代. von Laszewski 对图划分问题提出了一个混合遗传算法[28]. 在每一代中，算法采用 Kernighan 和 Lin 的图的分割算法来搜索局部解[29]，结果表明混合遗传算法可找到比启发式算法更好的解. Maruyama 也指出,对图划分问题,异步并行遗传算法在解的质量和执行效果上都能够超过并行化的传统启发式算法[30].

在并行遗传算法研究方面，一些并行遗传算法模型已经被人们在具体的并行机上执行了. 并行遗传算法可分为两类：粗粒度并行遗传算法和细粒度并行遗传算法. 粗粒度并行遗传算法主要开发群体之间的并行性,早期的工作见 Tanese[31].Cohoon 分析了在并行计算机 Intel i860 上解图划分问题的多群体遗传算法的性能[32]. 细粒度并行遗传算法是开发一个群体中的并行性. Kosak 将群体中的每个个体映射到一个联接机的处理单元上，并指出这种方法对网络图设计问题的有效性[33]. Collins 也利用联接机描述了一个大规模群体的行为[34]. Spiessense 分析了并行遗传算法在并行计算机 DAP 上的相似行为[35]. Kitano 将联想记忆应用到并行分类问题上[36]. Mühlenbein 提出了一个异步通讯模型并将它应用到函数优化中[37].

根据这届会议的发展趋势来看，遗传算法作为一种函数优化方法在工程方面的应用比起用于模拟自然更受人们的重视.

遗传算法另一个活跃的研究方向是它们在神经网络方面的应用，这包括优化神经网络的连接权系数和网络的空间结构. 遗传算法与神经网络相结合正成功地被应用于从时间序列分析来进行财政预算. 在这些系统中，训练信号是模糊的,数据是有噪声的，一般很难正确地给出每个执行的定量评价，如果采用遗传算法来学习的话，就能克服这个困难，显著地提高系统的性能. Mühlenbein 分析了多层感知机网络的局限性,并猜想下一代神经网络将会是遗传神经网络[38].

还有一个值得注意的研究方向是，遗传算法正用于机器学习中的程序设计，它排除了软件设计中一个最大的障碍——预先详细说明一个问题的全部特征并针对问题的特征决定程序应采用的对策. 利用模拟演化，研究人员能够"繁殖"程序来解决那些其结构还无人完全了解的问题. 在设计像喷气发动机这样的复杂系统方面,遗传算法确实已被证明能够有所突破. 与常规的程序相比，遗传算法有可能在更大的范围内探寻问题潜在的解. 此外，研究人员还在受控和完全了解的条件下探究了程序的自然选择问题，这方面的成果将可能会揭示出生命和智能在自然界中演化方式的细节.

尽管遗传算法模拟了生物界中自然选择，但是目前遗传算法运行规模还远远小于生物演化规模. Holland 等人研制的分类系统含有多达 8000 条规则,但这个数量只是自然界生物群体能生存的下界. 未受危及的大型动物数量可达数百万个，昆虫群体有万亿之多，细菌的数量更是无法胜数. 如此规模的数量极大地增强了隐含并行性的优势.

随着大规模并行计算机的不断普及，研制数量更加接近自然物种的软件群体将是可能的. 遗传算法固有的并行性使得它非常适合这种大规模并行计算机. 由于遗传算法的操作主要是在单个位串上,至多是一对位串之间的杂交,所以可以让每个处理机负责处理单个位串,从而可以并行处理整个群体.

虽然现在对遗传算法的效用下断言还为时过早,但可喜的是，遗传算法已经引起了计算机界人士的广泛注意. 1992 年 4 月，在日本第五代计算机计划结束以后，为了走向 21 世纪的信息社会，日本通产省又提出了一个新的为期十年的发展信息处理技术的计划，称为实况计算（Real-World Computing）计划，投资约700亿日元，基本目标是使计算机具有接近人的灵活性来处理现实世界的信息．在这个计划的理论研究内容中，有三个主要的代表流派，遗传算法就是其中之一，另外两个是扩充的神经网络理论和符号推理与概率因素相结合的理论．

当今计算机科学的各个领域几乎都显示出向并行计算过渡这一趋势．在这场变革中，一个鼓舞人心的结果就是新的应用领域不断发展，诸如格子气流体、神经网络和遗传算法．这些领域的研究从一开始就是基于并行处理．虽然在遗传算法的研究过程中还将会不断出现新的困难，但是人们不得不正视大量的研究成果为此研究领域所展示的巨大潜力．我们相信，利用广泛的数学工具和计算机模拟工具，必将能够清除前进道路上的重重障碍．

第二章 遗传算法的数学理论

§2.1 遗传算法的基本定理

遗传算法的操作过程非常简单，从一个 n 个串的初始群体出发，不断循环地执行复制、杂交和变异过程．尽管遗传算法按这种简单的方式直接作用在一个串的群体上，但是在第一章中，我们已经开始认识到，在每一代中，这种串的显式操作过程实际蕴含了大量模式的隐含操作．本节讨论复制、杂交和变异算子对模式的影响．

不失一般性，考虑由二元字母表 $V=\{0,1\}$ 编码的串(依据生物术语，有时称串为染色体)，每个串可以用带下标的字母来形式地表示，其中下标代表位置，例如，一个 7 位串 $A=0111000$ 可以记成

$$A = a_1a_2a_3a_4a_5a_6a_7$$

这里每个 a_i 表示一个二元特征(依据生物术语，有时称 a_i 为基因)，可取值 1 或 0 (有时称 a_i 的值为等位基因)．在特定的串 0111000 中，a_1 为 0，a_2 为 1，a_3 为 1 等等．

遗传算法通过一个串的群体来演化搜索，用 $A(t)$ 表示在时间(或代) t 时的群体，其中包含 n 个串 A_j，$j=1,2,\cdots,n$．

除了描述串和群体的记号外，我们还需要简便的记号来描述包含在各个串和群体中的模式．考虑由三元字母表 $V_+=\{0,1,*\}$ 表示的模式．如上一章所述，所谓模式就是一个相同的构形，它描述的是一个串的子集，这个集合中的串之间在某些位上相同．添加的符号 * 代表不确定字母，即在一特定位置上与 0 或 1 相匹配．例如，考虑串长为 7 的模式 $H=*11*0**$，则上面的串 $A=0111000$

是模式H的一个表示，这是因为串A与模式H在确定位置2,3和5上相匹配.

由上一章的结果，定义在串长为l的二进制串上的模式共有3^l个．一般地,对于基数为k的字母表,共有$(k+1)^l$个模式．在n个二进制串的群体中至多有$n\cdot 2^l$个模式包含在其中,这是由于每个串是它自身包含的2^l个模式中的一个表示.

所有的模式并不是以同等机会产生的．有些模式比起其它的要更确定,例如,与模式 0******相比,模式 011*1**在相似性方面是更明确的表示．某些模式的跨度要比其它的长，例如，与模式1*1****相比,模式1****1*要跨越整个串长更大的部分.为了定量地描述模式，我们介绍两个概念：模式阶和定义长度.

一个模式H的阶就是出现在模式中确定位置的数目，记为$o(H)$．在二进制串中，一个模式的阶就是所有1或0的数目．以上面的模式为例,模式 011*1**的阶为4,可记为$o(011*1**)=4$,模式 0****** 的阶为1.

一个模式的定义长度是模式中第一个确定位置与最后一个确定位置之间的距离,记为$\delta(H)$．例如,模式011*1**的定义长度为$\delta=4$,这是因为第一个确定位置为1,最后一个确定位置为5，它们之间的距离$\delta(H)=5-1=4$;由于另一个模式 0******仅有一个固定位置,即第一个和最后一个确定位置是同一个,因此其定义长度$\delta=0$.

模式、模式阶以及定义长度对于严格地讨论和区分串的相似性是有用的记号，并且它们提供了一个基本的方法来分析遗传算子对包含在群体中的基因块的作用效果.下面分别考虑复制、杂交和变异算子对包含在串群体中的模式作用的单独效果和联合效果.

假定在给定时间步t，一个特定的模式H有m个代表串包含在群体$A(t)$中,记为$m=m(H,t)$（在不同的时间t,不同的模式H可能有不同的数量)．在复制阶段,每个串根据它的适应值进行复制,或更确切地说,一个串A_i的复制概率为

$$p_i = f_i / \sum_{j=1}^{n} f_j \tag{2.1}$$

当采用非重叠的 n 个串的群体替代群体 $A(t)$ 后，我们期望在时间步 $(t+1)$，模式 H 在群体 $A(t+1)$ 中有 $m(H,t+1)$ 个代表串，这可以由下面的方程给出

$$m(H,t+1) = m(H,t) \cdot n \cdot f(H) / \sum_{j=1}^{n} f_j \tag{2.2}$$

其中 $f(H)$ 是在时间步 t 表示模式 H 的串的平均适应值．由于整个群体的平均适应值可记成

$$\bar{f} = \sum_{j=1}^{n} f_j / n \tag{2.3}$$

故模式的复制生长方程可表示为

$$m(H,t+1) = m(H,t) \frac{f(H)}{\bar{f}} \tag{2.4}$$

这表明，一个特定的模式按照其平均适应值与群体的平均适应值之间的比率生长，换句话说，那些适应值高于群体平均适应值的模式在下一代中将会有更多的代表串，而对于那些适应值在群体平均适应值以下的模式，它们在下一代中的代表串将会减少．

上面定量分析了复制对不同模式的影响，可以看到：平均值以上的模式将逐渐增加，平均值以下的模式将逐渐消亡．下面进一步推出一个定量表达式．假设某一特定模式的适应值保持在高出群体平均适应值以上一个 $c\bar{f}$，c 为一常数，则模式的复制生长方程可变为

$$\begin{aligned} m(H,t+1) &= m(H,t) \frac{(\bar{f} + c\bar{f})}{\bar{f}} \\ &= (1+c) \cdot m(H,t) \end{aligned} \tag{2.5}$$

从 $t=0$ 开始，假设 c 是一固定值，可以推得

$$m(H,t) = m(H,0) \cdot (1+c)^t \tag{2.6}$$

(2.6)式表明，在群体平均适应值以上(以下)的模式将会按指数增长(衰减)的方式被复制．

在一定程度上，复制可以把按指数增长或减少的模式并行地分配到下一代．一方面，许许多多不同的模式根据相同的规则通过利用 n 个简单的复制算子被并行地采样；另一方面，仅仅只有复制过程并无助于检测搜索空间中新的区域，这是因为复制的结果并没有搜索新的点．因而，为了检测模式空间中新的部分，需要采取杂交步骤，杂交是两个串之间随机地进行信息交换．本节仅考虑简单的一点杂交算子．

为了清楚地看到哪些模式易受杂交的影响，哪些模式不容易受到影响，我们以一个串长为 7 的特定的串和包含在其中的两个具有代表性的模式为例：

$$A = 0111000$$

$$H_1 = *1****0$$

$$H_2 = ***10**$$

一点杂交过程首先是随机选择一对交配串，然后随机选择一个杂交位置，将其中一个串从杂交位置到右端的子串与交配串对应的子串相交换．设串 A 已被选择交配杂交，其串长为 7．假设我们掷一骰子来选择一个杂交位置（在串长 7 中有 6 个可选位置），不妨设骰子掷的结果是3，也就是说，杂交位置选在 3 和 4 之间．从下面的例子容易看到一点杂交算子对模式 H_1 和 H_2 的作用效果，其中杂交位置用分隔符|标记：

$$A = 011|1000$$

$$H_1 = *1*|***0$$

$$H_2 = ***|10**$$

除非串 A 的交配串在模式 H_1 的确定位置上与 A 相同，否则模式 H_1 将被破坏，这是因为杂交后，模式 H_1 在位置 2 上的 1 和在位置 7 上的 0 将位于不同的子代串上．同样地，对于相同的杂交位置，模式 H_2 将生存下来，因为 H_2 在位置 4 上的 1 和位置 5 上的 0 将不受影响地被保留到一个子代串中．虽然这里我们取的是一个特别的杂交位置，但有一点是明显的，在杂交过程中模式 H_1 比起模式 H_2 来更不易生存，这是因为杂交点一般更易落在距离最远的确定位置之间．为了进一步把这个结论定量化，我们从模式的定义长度入手．如果杂交位置是在 $l-1=7-1=6$ 个可能的位置上一致随机地选择，则易知模式 H_1 被破坏的概率是 $p_d=\delta(H_1)/(l-1)=5/6$（它的生存概率为 $p_s=1-p_d=1/6$）．类似地，模式 H_2 的定义长度 $\delta(H_2)=1$，在 6 个可能的位置中，只有当杂交点选在 4 和 5 之间，模式才会被破坏，其概率为 $p_d=1/6$（生存概率为 $p_s=1-p_d=5/6$）．

更一般地，对任意模式可计算出杂交生存概率 p_s 的下界．由于当杂交位置落在定义长度之外时，这个模式就可以生存．在简单一点杂交算子作用下的生存概率为 $p_s=1-\delta(H)/(l-1)$．一旦在定义长度之内的位置从 $(l-1)$ 个可能的位置中被选取，则模式极易被破坏．如果杂交本身也是按随机选取方式执行的，即以概率 p_c 进行特定的交配，则生存概率有下面的估计

$$p_s \geqslant 1-p_c \cdot \frac{\delta(H)}{l-1} \tag{2.7}$$

当 $p_c=1.0$ 时，(2.7)就变为原来的形式．

现在可以考虑复制和杂交结合在一起时对模式的作用效果．当仅考虑复制时，我们感兴趣的是计算一个特定的模式在下一代中期望出现的次数．假设复制和杂交操作是不相关的，可以得到下面的估计

$$m(H,t+1) \geqslant m(H,t) \cdot \frac{f(H)}{\bar{f}}\left[1-p_c \cdot \frac{\delta(H)}{l-1}\right] \tag{2.8}$$

比较(2.4)和(2.8)式，可以看到，杂交和复制一起对模式的作用效果是通过把仅有复制作用时的模式期望数与在杂交作用下的生存概率 p_s 相乘得到的．模式H增长或衰减依赖于一个乘积因子．在复制和杂交作用下，这个因子依赖于两个因素：模式适应值是在群体平均适应值之上还是之下，以及模式具有相对短的还是长的定义长度．显然，那些既在群体平均适应值之上同时又具有短的定义长度的模式将按指数增长率被采样．

最后来考虑变异算子的作用效果．变异算子是以概率 p_m 随

机地改变一个位上的值，为了使得模式H可以生存下来，所有特定的位必须存活．因为单个等位基因存活的概率为$(1-p_m)$，并且由于每次变异都是统计独立的，因此，当模式H中$o(H)$个确定位都存活时，这个模式才存活，因而在变异算子作用下，存活概率为$(1-p_m)^{o(H)}$．对于很小的值$p_m(p_m \ll 1)$，模式的存活概率可以近似地等于$1-o(H)\cdot p_m$．因此，在复制、杂交和变异算子作用下，一个特定模式H在下一代中期望出现的次数可以近似地表示为

$$m(H,t+1) \geqslant m(H,t)\frac{f(H)}{\bar{f}} \cdot \left[1-p_c\frac{\delta(H)}{l-1}-o(H)p_m\right] \tag{2.9}$$

从(2.9)式可以看到，增加变异几乎不改变先前的结论．

综上所述，我们可以得到遗传算法的一个非常重要的结论——模式定理：

定理 2.1 具有短的定义长度、低阶并且适应值在群体平均适应值以上的模式在遗传算法迭代过程中将按指数增长率被采样．

为了更进一步理解这个定理，下面用一个函数优化的例子来说明遗传算子对模式的影响．

考虑下面的函数优化问题：

$$\max \quad x_2$$

表 2.1

编号	初始群体	变量 x	函数值 x^2	选择百分比	期望数目	实际数目
1	01101	13	169	0.14	0.58	1
2	11000	24	576	0.49	1.97	2
3	01000	8	64	0.06	0.22	0
4	10011	19	361	0.31	1.23	1
和			1170	1.00	4.00	4.0
平均值			293	0.25	1.00	1.0
最大值			576	0.49	1.97	2.0

其中 x 是区间[0,31]上的整数.

在这个例子中,假设生成的初始群体规模为 4,群体中每个点可用长度为 5 的二进制串表示,每个二进制串的适应值取其目标函数值.表 2.1 和表 2.2 描述了从初始群体开始演化到下一代的过程中遗传算子对串的作用效果.

表 2.2

交配池	交配对*	杂交位置*	新的群体	变量	函数值
0110 | 1	2	4	01100	12	144
1100 | 0	1	4	11001	25	625
11 | 000	4	2	11011	27	729
10 | 011	2	2	10000	16	256
和					1754
平均值					439
最大值					729

* 交配对和杂交位置都是随机选取的.

表 2.3

		复制前	
		代表串	模式的平均适应值
H_1	1****	2,4	469
H_2	*10**	2,3	320
H_3	1***0	2	576

表 2.4

复制后			所有遗传算子作用后		
期望数目	实际数目	代表串	期望数目	实际数目	代表串
3.20	3	2,3,4	3.20	3	2,3,4
2.18	2	2,3	1.64	2	2,3
1.97	2	2,3	0.0	1	4

根据这个过程，我们来具体分析遗传算子对三个特定模式的作用效果，它们分别为 $H_1 = 1****$，$H_2 = *10**$，$H_3 = 1***0$. 分析结果见表 2.3 和表 2.4.

首先讨论模式 H_1. 在复制阶段，所有的串都是根据它们的适应值按概率方式进行复制的. 在表 2.1 第一列中，串 2 和串 4 均是模式 H_1 的代表串，经过复制后，生成了模式 H_1 的三个拷贝，分别由交配池中的串 2、串 3 和串 4 表示. 这个数目与按模式定理预估的值相符吗？从模式定理知，我们期望有 $m \cdot f(H)/\bar{f}$ 个拷贝. 先计算模式的平均适应值 $f(H_1)$，可以得到 $f(H_1) = (576 + 361)/2 = 468.5$，再除以群体平均适应值 $\bar{f} = 293$ 并乘以在时间 t 时的模式数 2，就可以得到在时间 $(t+1)$ 时模式 H_1 的期望数目，$m(H_1, t+1) = 2 \cdot 468.5/293 = 3.20$. 把计算结果与实际的模式数目 3 相比较，可知我们得到了正确的拷贝数. 下一步来考虑杂交算子的作用，由于模式 H_1 的定义长度 $\delta(H_1)$ 等于 0，所以杂交算子对模式 H_1 没有影响. 假设变异概率 $p_m = 0.001$，我们期望在三个模式拷贝内的改变量为 $m \cdot p_m = 3 \cdot 0.001 = 0.003$，在这种情况下没有位改变. 总而言之，对模式 H_1，我们的确得到了按模式定理所预估的结果，即期望以指数增长的模式数.

模式 H_1 中只有一位是确定的，从而显得很特殊，对于那些定义长度更长的模式 H_2 和 H_3，作用效果会是怎样呢？经过复制后，模式 H_2 由起始的在初始群体中的两个代表串得到了两个拷贝，这与期望的拷贝数一致，$m(H_2) = 2 \cdot 320/293 = 2.18$，其中 320 是模式 H_2 的平均适应值，293 是群体的平均适应值. 模式 H_3 由一个代表串 2 开始，经复制后得到两个拷贝（在交配池中的串 2 和串 3），这也与期望的拷贝数一致，$m(H_3) = 1 \times 576/293 = 1.97$，其中 576 是模式 H_3 的平均适应值. 杂交算子对模式 H_2 和 H_3 的作用效果较为不同. 对于短模式 H_2，经杂交算子作用后仍然保持两个拷贝. 由于 H_2 定义长度短，杂交位置在 4 个可选的位置中只有 1 次才使得破坏 H_2，故模式 H_2 以较大的概率生存. 模式 H_2 的期望数目为 $m(H_2, t+1) = 2.18 \cdot 0.75 = 1.64$，这与实际的模式数很接近．由于模式 H_3 的定义长度 $\delta(H_3)=4$，所以杂交总是破坏这个模式．

上面的计算结果进一步证实了模式定理，群体中那些短的低阶模式是按指数增加还是减少的数目进行采样依赖于模式的平均适应值．

§2.2 隐含并行性

在串长为 l、规模为 n 的二进制串群体中，包含有 2^l 到 $n\cdot 2^l$ 个模式，但是正如模式定理所表明的，并不是所有的模式都以较大的概率被进行处理，这是由于杂交算子会破坏那些定义长度相对长的模式．本节讨论那些按有效的方式被处理的模式，即按指数增长率采样的模式，并计算出这些模式数目的下界．

假如在 n 个串长为 l 的二进制串中，我们仅考虑包含在其中的按大于某一常数 p_s 的概率存活的模式，也就是说，假设在简单一点杂交算子和较小的变异率作用下，其出错率 ε 小于 $(1-p_s)$ 的模式，从而这些模式的定义长度 l_s 要满足

$$l_s < \varepsilon(l-1)+1 \tag{2.10}$$

以 $l_s=5$ 为例，计算在下面串长 l 为 10 的串中所包含的这样的模式

1011100010

首先考虑在下面方框部分中所包含的模式数

| 10111 | 00010

因而方框中最后一位是固定的，也就是指那些具有如下形式的模式

| %%%%1 | *****

其中星号 * 代表不确定符号，百分号 % 表示或取确定值（相应位上的 1 或0），或为不确定值．显然，由于在 $l_s-1=4$ 个位置上可以是确定的值或是不确定值，因此这样的模式数有 2^{l_s-1} 个．同样

地,每次把方框向右移动一个位置:

$$1\boxed{01110}0010$$

共可以移动 $l-l_s+1$ 次，从而可以估计出在这个特定的串中，共包含有定义长度不超过 l_s 的模式数为 $2^{l_s-1}\cdot(l-l_s+1)$.

那么在规模为 n 的整个群体中,共有多少个这样的模式呢?如果简单地把上面的估计数乘以 n，就可得到整个群体中有 $n\cdot 2^{l_s-1}\cdot(l-l_s+1)$ 个这样的模式. 然而,因为在一个规模较大的群体中肯定会有完全相同的低阶模式，所以这个结果显然超出了正确的数目. 为了进一步修正它,我们选择规模为 $n=2^{l_s/2}$ 的群体，按这样方式选择群体，我们期望所有阶不低于 $l_s/2$ 的模式不致重复. 由于模式数是按二项分布的，因而模式阶高于和低于 $l_s/2$ 的模式各占一半. 如果仅计那些阶高于 $l_s/2$ 的模式,则模式数的下界有如下的估计

$$n_s \geqslant n(l-l_s+1)2^{l_s-2} \tag{2.11}$$

若群体的规模限制为特定的值 $2^{l_s/2}$,则有

$$n_s=\frac{(l-l_s+1)n^3}{4} \tag{2.12}$$

由式(2.12)知，$n_s=Cn^3$，所以我们可以得到这个结论,模式数与群体规模的立方成比例,即为 $O(n^3)$.

这个关于有效模式处理数目的估计非常重要，Holland 称之为遗传算法的隐含并行性. 它表明，每一代中除了仅对 n 个串的处理外，遗传算法实际上处理大约 $O(n^3)$ 个模式，从而每代只执行与群体规模成比例的计算量，就可以同时收到并行地对大约 $O(n^3)$ 个模式进行有效处理的目的,并且无须额外的存储.

从上面的分析我们可以看到,在遗传算法的迭代过程中,除了定义长度长的、高阶模式被杂交和变异算子破坏之外,遗传算法在处理相对数量较少的串的同时,还内在地处理大量的模式.

§2.3 基因块假设

从模式的角度来分析遗传算法的性能，我们可以发现，定义长度短的、低阶及适应性好的模式被采样、重组而形成具有潜在的更高适应值的串．遗传算法通过作用于这些特殊的模式可以降低问题的复杂性，它不是通过逐一测试各个组合来建立高适应值串，而是从过去样本中最好的部分解来构造越来越好的串．

由于具有短的定义长度、低阶及高适应值的模式在遗传算法中起到如此重要的作用，我们特别地称之为基因块，把基因块能够

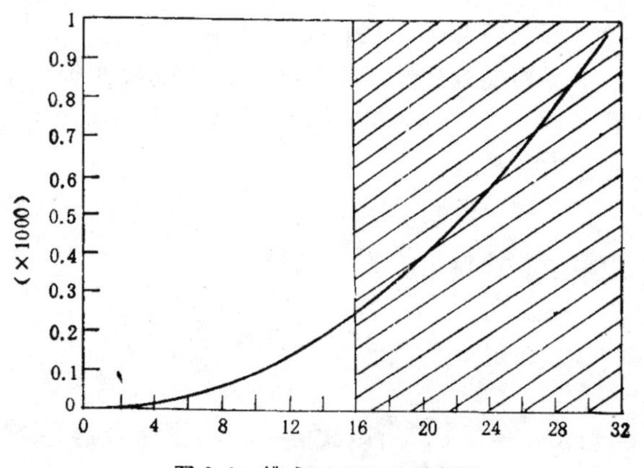

图 2.1　模式1＊＊＊＊示意图

结合形成更好的串这一基本设想称为基因块假设．

为了对基因块有个直观的认识，我们用图示法来讨论 5 位编码问题．以求函数 $f(x)=x^2$ 的最大值为例，其中 x 用 5 位二进制串来编码．在这个问题中，模式的具体形式是什么样呢？首先来看一个简单的模式，$H_1=1****$，它对应于图 2.1 中定义域中的阴影区，覆盖定义域的右半部分．同样地，模式$H_2=0****$覆盖左半部分．其它的 1 位模式，例如 $H_3=****1$，由图 2.2 所示，这个模式覆盖表示奇数(00001 = 1，00011 = 3，00101 = 5，等等)的半个定义域，模式 $H_4=***0*$也是覆盖半个定义域，

如图 2.3 所示. 以上的例子表明，1 位模式覆盖半个定义域，但是其振荡频率依赖于确定位的位置.

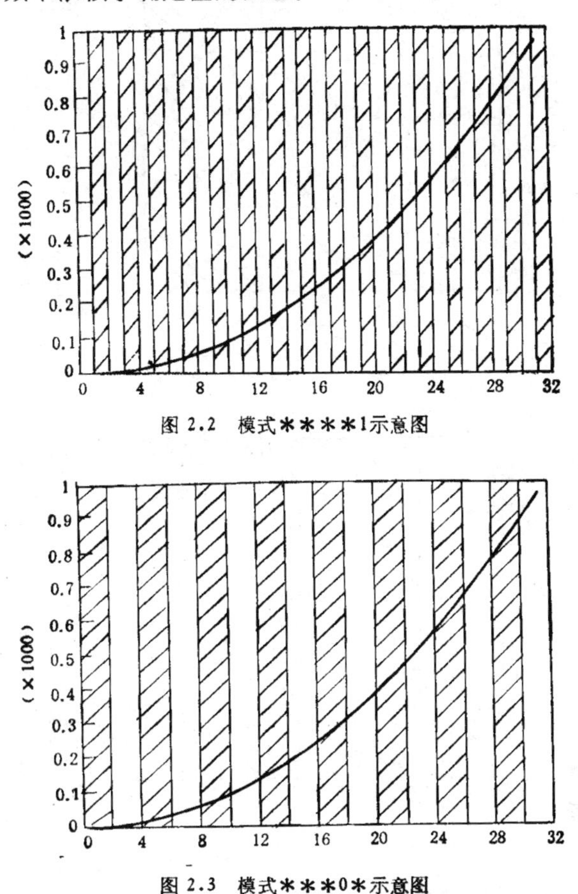

图 2.2　模式＊＊＊＊1示意图

图 2.3　模式＊＊＊0＊示意图

下面再考虑 2 位模式，图 2.4 描述了模式 $H_5 = 10***$，它覆盖了定义域的四分之一，其它的 2 位模式，如 $H_6 = **1*1$ 也覆盖了定义域的四分之一，如图 2.5 所示，只是它是按照更多分割形式来覆盖的.

对于某个问题，为了测定基因块假设是否成立，下面介绍一种求模式平均适应值的方法——划分系数变换.

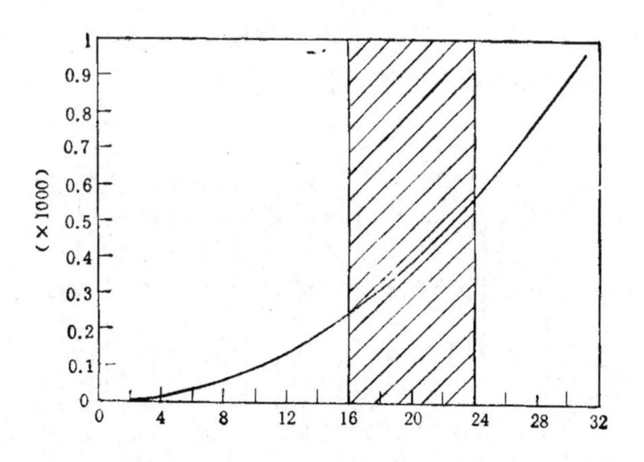

图 2.4 模式 10＊＊＊ 示意图

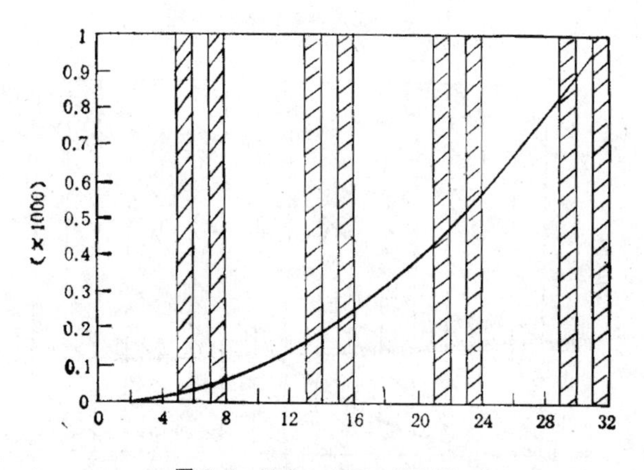

图 2.5 模式＊＊1＊1示意图

考虑从 l 位串到实数的映射 f：

$$f:\{0,1\}^l \to R$$

我们按通常的方式从串中取模式，并给那些具有相同确定位置的模式定义一个划分数 j：

$$j(H) = \sum_{i=0}^{l-1} \alpha(b_i) 2^i \tag{2.13}$$

其中串按从右到左的顺序记位，并且最右边的位记为第 0 位，b^i 对

应于串中第 i 位上的值，函数 α 为

$$\alpha(b)=\begin{cases}0 & \text{当 } b=*\text{时}\\ 1 & \text{否则}\end{cases} \tag{2.14}$$

我们知道，由 2^l 个确定位置的集合所定义的串空间中共有 2^l 个划分，在这种方式下，划分数函数 j 给其中每个划分指定一个唯一的数. 例如，模式***的划分数为 $j(***)=0$，模式**0和**1的划分数均为 $j=1$，模式 0*1 的划分数为 $j(0*1)=5$.

为了计算划分系数，我们还在整个模式集合上定义一个函数 σ，当模式中包含偶数个 0 时取 1，否则为 -1，σ 可取以下形式:

$$\sigma(H)=\prod_{i=0}^{l-1}(-1)^{\beta(b_i)} \tag{2.15}$$

其中当 $b_i=0$ 时 β 取 1，否则为 0.

有了划分数 j 和 σ 函数后，现在可以用下面的一组方程来定义划分系数 ε_j:

$$f(H)=\sum_{H'\supseteq H}\sigma(H')\varepsilon_j(H') \tag{2.16}$$

式(2.16)称为划分系数变换，其中求和是取遍所有包含模式 H 的子集. 显然，3^l 个模式中每个模式都有一个对应的方程，所以这样的方程共有 3^l 个. 然而，由于仅有 2^l 个划分系数 ε，所以其中只有 2^l 个方程是独立的.

为了更好地理解划分系数变换，我们举一个简单的例子，$f(x)=x^2$，其中 x 用 3 位二进制串编码. 对于那些仅含*和 1 的模式，可以得到下面 8 个方程:

$$f(***)=\varepsilon_0$$

$$f(**1)=\varepsilon_0+\varepsilon_1$$

$$f(*1*)=\varepsilon_0+\varepsilon_2$$

$$f(*11)=\varepsilon_0+\varepsilon_1+\varepsilon_2+\varepsilon_3$$

$$f(1**)=\varepsilon_0+\varepsilon_4$$

$$f(1*1)=\varepsilon_0+\varepsilon_1+\varepsilon_4+\varepsilon_5$$

$$f(11*) = \varepsilon_0 + \varepsilon_2 + \varepsilon_4 + \varepsilon_6$$
$$f(111) = \varepsilon_0 + \varepsilon_1 + \varepsilon_2 + \varepsilon_3 + \varepsilon_4 + \varepsilon_5 + \varepsilon_6 + \varepsilon_7$$

首先直接计算出上面方程组中左边 8 个模式平均适应值，然后回代算出 ε 的值，可以得到:

划分数 j	模式 H	$f(H)$	ε_j
0	* * *	17.5	17.5
1	* * 1	21.0	3.5
2	* 1 *	24.5	7.0
3	* 11	29.0	1.0
4	1 * *	31.5	14.0
5	1 * 1	37.0	2.0
6	11 *	42.5	4.0
7	111	49.0	0.0

有了 ε 的值后，我们就可以利用它们计算模式的平均适应值，例如，$f(**0) = \varepsilon_0 - \varepsilon_1 = 17.5 - 3.5 = 14.0$，这与直接的计算结果 $f(**0) = (0 + 4 + 16 + 36)/4 = 14$ 一致. 进一步地，我们再来探究划分系数 ε 的意义以及如何利用它们来分析遗传算法.

在应用遗传算法时，我们尤为关心二进制编码问题中的非线性现象. 为了弄清它们与 ε 系数之间的关系，我们利用上面的例子进行更深一步的比较. 考虑两个竞争模式的适应值计算公式:

$$f(**1) = \varepsilon_0 + \varepsilon_1$$
$$f(**0) = \varepsilon_0 - \varepsilon_1$$

因为系数 ε_0（模式 * * * 的适应值）仅是所有模式的平均值，故单个 1 作用在最右边位上的影响就是由系数 ε_1 来直接度量的. 实际上，它是由于 1 在那个位置上所引起的平均增量(在群体平均之上的). 关于其它 1 位划分系数（ε_2 和 ε_4）以及它们对竞争模式平均适应值的作用效果，我们也可以得到类似的结论:

$$f(*1*) = \varepsilon_0 + \varepsilon_2$$
$$f(*0*) = \varepsilon_0 - \varepsilon_2$$

$$f(1**)=\varepsilon_0+\varepsilon_4$$
$$f(0**)=\varepsilon_0-\varepsilon_4$$

上面的观察促使我们考虑建立对高阶模式的低阶近似。这可以按下面的方法实现,对于所有那些确定的1位模式,求它们在平均适应值以上的增量(或减量)的和.例如,由于模式*1*和**1相交是模式*11,从而对模式 *11 的适应值的低阶近似就是简单地求 ε_1 和 ε_2 的和并把所得结果加到平均适应值 ε_0 上。这里用符号∧来表示一个估计,可以得到下面的表达式:

$$\hat{f}(*11)=\varepsilon_0+\varepsilon_1+\varepsilon_2$$

把它与模式 *11 的适应值的实际表示相比较,可以发现在低阶模型和正确模式平均适应值之间的差异在于:

$$f(*11)-\hat{f}(*11)=\varepsilon_3$$

在这种情形下,2位划分系数 ε_3 描述了由于在最右边两个位置上的位片相互作用所导致的适应值变化。更一般地,高阶划分系数描述由一个特定集合相互作用所引起的适应值变化,这个集合由两个或更多位片组成。

§2.4 最小欺骗问题

在特殊的情形下模式图示法和划分系数变换提供了分析遗传算法的有效数学工具,但从实际的观点,这些方法至少在计算上是与对离散问题空间的穷举搜索一样地复杂,因而它们没有被广泛用于分析遗传搜索中的实际问题。尽管如此,我们仍然需要研究是什么原因导致一个问题对简单的遗传算法来讲是难求解的。我们称那些引导遗传算法出错的函数编码组合为遗传算法欺骗问题。已有的研究结果表明,遗传算法欺骗问题往往包含孤立的最优点,即最好的点往往被差的点所包围。实际上,在现实世界中遇到的许多函数并不具有这个难以寻觅的性质;在函数编码组合中通常的是具有一些正则性,它们可以通过基因块重组来探寻。而且,我们有理由认为,无论采用何种搜索方法,要找到这种难以寻觅的最优解都是困难的. 然而,有一点是值得注意的,简单的遗传算法是依靠基因块的重组来找到最优点. 如果由于所用的编码或函数本身导致基因块出错，那么这个问题可能需要长的等待时间来达到近似最优解.

下面构造一个最简单的问题，它使得用遗传算法所得到的解远离全局最优解. 为了实现这一点,就要违反基因块假设,也就是说,我们期望短的、低阶基因块导致不正确的(次最优的)更长的、更高阶基因块.

假设有一组 4 个 2 阶模式,它们具有两个定义位置,每个模式以及相应的适应值如下所示:

$$
\begin{array}{ll}
0**0* & f_{00} \\
0**1* & f_{01} \\
1**0* & f_{10} \\
1**1* & f_{11} \\
\leftarrow \delta(H) \rightarrow &
\end{array}
$$

其中适应值是指模式平均适应值,并假设为常数.首先,假设 f_{11} 是全局最优解:

$$
\begin{aligned}
f_{11} &> f_{00} \\
f_{11} &> f_{01} \\
f_{11} &> f_{10}
\end{aligned}
\tag{2.17}
$$

由于这个问题在 Hamming 空间中旋转或反射都是不变的,故假定一个特定的全局最优解并不影响结论的一般性.

我们下一步给出欺骗条件.对于一个简单的遗传算法而言,它是使上面的问题成为一个难解问题的必要条件. 为此，问题需要满足，次最优 1 阶模式中有一个或两个要好于最优 1 阶模式. 在数学上,也就是要求下面条件中的一个或两个都成立:

$$f(0*) > f(1*) \tag{2.18}$$

$$f(*0) > f(*1) \tag{2.19}$$

在这些表示中，除了两个定义位置外我们已经排除了考虑其它所有的等位基因，并且适应值是指包含在特定的相似子集中所有串的平均适应值，从而可以导出：

$$\frac{f(00)+f(01)}{2}>\frac{f(10)+f(11)}{2} \tag{2.20}$$

$$\frac{f(00)+f(10)}{2}>\frac{f(01)+f(11)}{2} \tag{2.21}$$

但是，在这个二位问题中，上面两个条件不能同时成立，否则的话，点 11 不可能是最优解。不失一般性，我们假设第一个条件成立，因而二位欺骗问题可以由一个全局条件（f_{11} 是最优的）和一个欺骗条件（这里选择 $f(0*)>f(1*)$）来确定。

为了更清楚地分析这些条件，将适应值按下面的方式进行正规化：

$$r=\frac{f_{11}}{f_{00}};\qquad C=\frac{f_{01}}{f_{00}};\qquad C'=\frac{f_{10}}{f_{00}}$$

则全局条件(2.17)可以写成：

$$\begin{aligned} r &> C \\ r &> 1 \\ r &> C' \end{aligned} \tag{2.22}$$

欺骗条件(2.20)变为

$$r<1+C-C' \tag{2.23}$$

由式(2.22)和(2.23)可以得到

$$C'<1;\qquad C'<C$$

根据 C 的取值，二位欺骗问题可以分为两类：

类型 I：　$f_{01}>f_{00}(C>1)$

类型 II：　$f_{00}\geqslant f_{01}(C\leqslant 1)$

它们的示意图分别见图 2.6 和图 2.7，其中适应值是布尔变量的函数。

以上两种类型问题都具有欺骗性，并且它们都不能表示成各个等位基因的线性组合，即不能表示为

$$f(x_1,x_2)=b+\sum_{i=1}^{2}a_ix_i \tag{2.24}$$

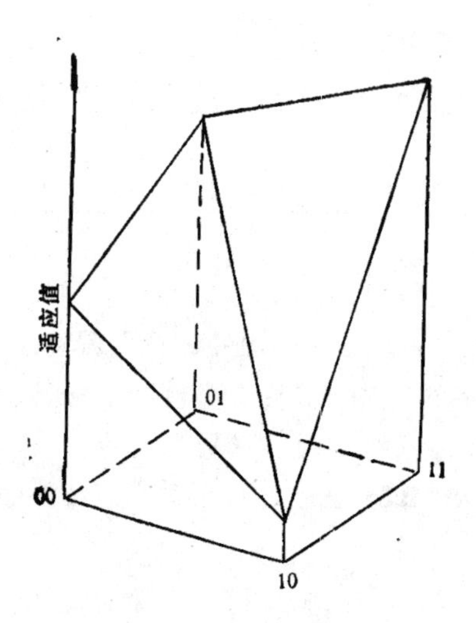

图 2.6 类型 I 示意图
最小欺骗问题 $f_{01}>f_{00}$

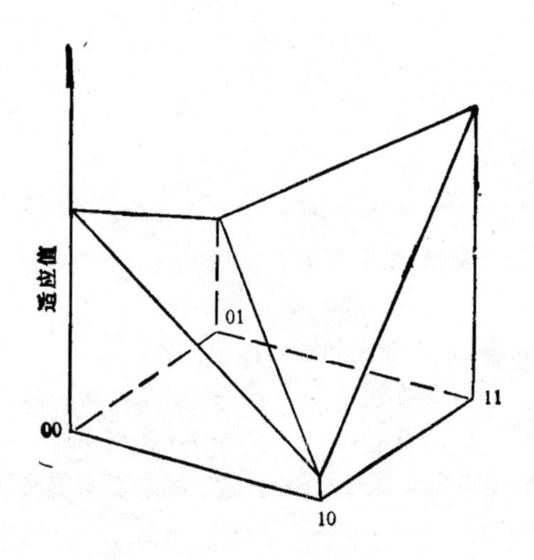

图 2.7 类型 II 示意图
最小欺骗问题$f_{00}\geqslant f_{01}$

可以证明一位问题不可能是欺骗问题，因而我们这里讨论的二位欺骗问题是最小欺骗问题。

在上面构造的二位问题中，如果串中两个定义位片之间的距离很大,那么这个问题有可能使遗传算法出错. 按模式定理判断，就是当因子

$$\frac{f(11)}{\bar{f}}\left[1-p_c\cdot\frac{\delta(11)}{l-1}\right]$$

小于或等于 1 (假设 $p_m=0$)时,遗传算法可能会出错.

前面讨论了模式在下一代中的期望数,但结果只是一个下界，这是因为推导中不包含源项（一个模式的损失是另一个模式的增益),并且假设每当一个杂交发生在模式中最外面的两个定义位片之间时,此模式就会被破坏. 在二位问题中,后面这个假设过于保守,因为非互补交配对经杂交后依然保有父代的遗传物质，例如，00 与 01 杂交产生 01 和 00. 唯有当互补交配对杂交后 遗 传物质才会损失. 在这些例子中,00 与 11 杂交产生 01 和 10,01 与 10杂交产生 00 和 11. 整个杂交产生表见表 2.5, 其中 S 表示子代串与它们的父代相同.

表2.5　二位问题杂交产生表

X	00	01	10	11
00	S	S	S	01 10
01	S	S	00 11	S
10	S	00 11	S	S
11	01 10	S	S	S

在产生表中,可以看到互补交配对会损失遗传物质,并且这种损失是作为对另一个互补模式的增益出现.利用这个信息,对 4 个竞争模式中每一个的期望比例 P,都有可能导出更准确的关系.为此，我们必须解释由于杂交产生的正确期望损失和模式增益. 假设以适当比例进行复制并利用简单杂交算子以及把复制的结果按随机方式交配,则可以得到下面的自控非线性差分方程:

$$P_{11}^{t+1} = P_{11}^{t} \cdot \frac{f_{11}}{\bar{f}}\left[1 - p_c' \frac{f_{00}}{\bar{f}} P_{00}^{t}\right] + p_c' \frac{f_{01}f_{10}}{\bar{f}^2} P_{01}^{t} P_{10}^{t}$$

$$P_{10}^{t+1} = P_{10}^{t} \cdot \frac{f_{10}}{\bar{f}}\left[1 - p_c' \frac{f_{01}}{\bar{f}} P_{01}^{t}\right] + p_c' \frac{f_{00}f_{11}}{\bar{f}^2} P_{00}^{t} P_{11}^{t}$$

$$P_{01}^{t+1} = P_{01}^{t} \cdot \frac{f_{01}}{\bar{f}}\left[1 - p_c' \frac{f_{10}}{\bar{f}} P_{10}^{t}\right] + p_c' \frac{f_{00}f_{11}}{\bar{f}^2} P_{00}^{t} P_{11}^{t} \qquad (2.25)$$

$$P_{00}^{t+1} = P_{00}^{t} \cdot \frac{f_{00}}{\bar{f}}\left[1 - p_c' \frac{f_{11}}{\bar{f}} P_{11}^{t}\right] + p_c' \frac{f_{01}f_{10}}{\bar{f}^2} P_{01}^{t} P_{10}^{t}$$

其中上标是时间指标,下标二进制数是模式指标. 变量 $\bar{f}$ 是当前(t 代)的群体平均适应值，可以按下式计算:

$$\bar{f} = P_{00}^{t} f_{00} + P_{01}^{t} f_{01} + P_{10}^{t} f_{10} + P_{11}^{t} f_{11} \qquad (2.26)$$

参数 p_c' 是杂交概率，其中杂交点落在模式中两个定义位片之间:

$$p_c' = p_c \cdot \frac{\delta(H)}{l-1} \qquad (2.27)$$

这些方程一起预估了下一代中四个模式的期望比例. 在指定的初始比例下，我们可以通过相继代跟踪期望比例的轨道. 关于遗传算法的收敛性，一个必要条件是随着代的演化最优模式的期望比例在极限意义下趋近于 1:

$$\lim_{t \to \infty} P_{11}^{t} = 1 \qquad (2.28)$$

为了更细致地分析上面的方程,下面针对类型 I 和类型 II 问题给出模式方程的几个数值例子.

图 2.8 描述了典型的类型 I 问题的计算结果. 开始时最优模式(模式11)的比例缓慢减小;然而,由于模式 10 和 00 的比例很快降至0,在随后代的演化中,只剩下模式 11 和 01 之间的竞争,最后模式11取胜. 这个结果可以推广到任一类型 I 问题，只要四个模式的起始比例非零. 我们这里所得到的结果是意想不到的，因为起先设计的问题是想促使遗传算法远离全局最优解. 总之，从动态分析可知,类型 I 最小欺骗问题不是遗传算法难解问题.

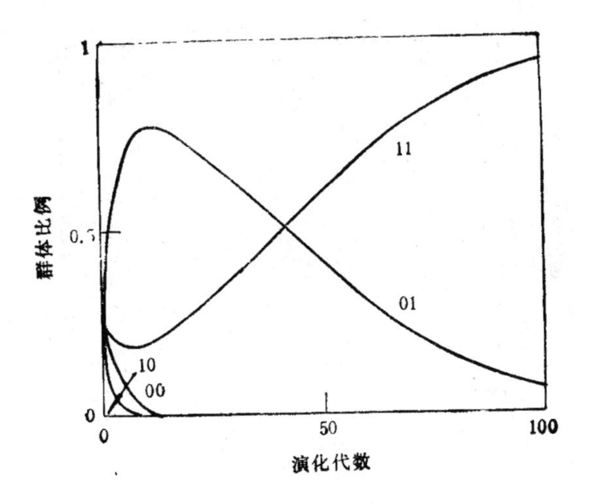

图 2.8 类型 I 最小欺骗问题数值解
$r = 1.1$, $C = 0.9$, $C' = 0.0$

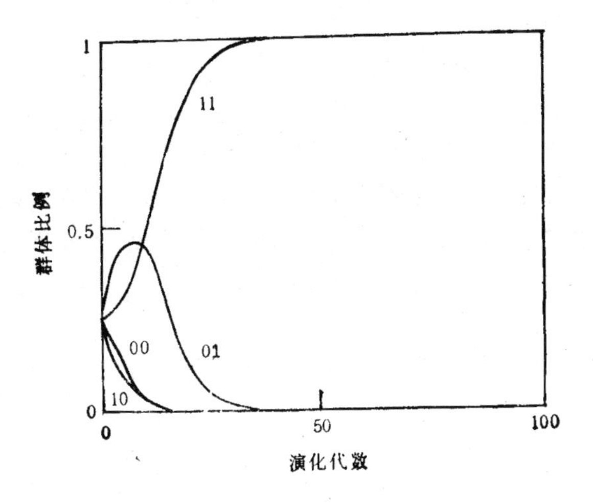

图 2.9 类型 II 最小欺骗问题数值解
$r = 1.1$, $C = 0.9$, $C' = 0.5$ 且取相同的初始比例

图 2.9 和图 2.10 给出了类型 II 最小欺骗问题的计算结果. 在图 2.9 中我们看到了典型的收敛结果，正如类型 I 问题，不管其初

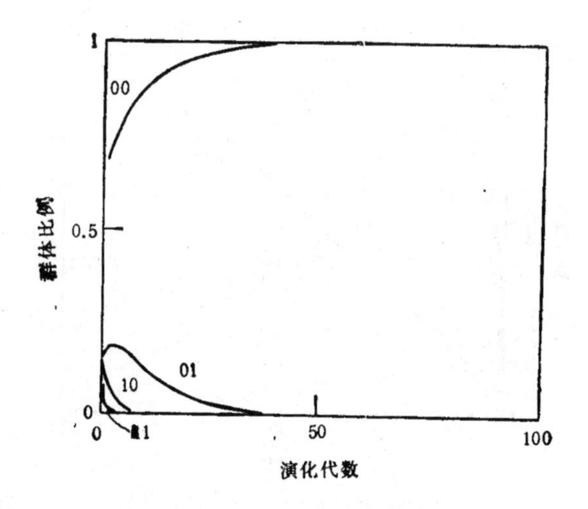

图 2.10 类型 II 最小欺骗问题数值解
$r = 1.1, C = 0.9, C' = 0.5$ 且取不同的初始比例

始欺骗条件怎样，解收敛到最优值．然而，不是所有类型 II 问题都象这样收敛，当互补模式 00 的初始比例很大时，模式 11 可能被淹没，结果就收敛到次最优解．图 2.10 描述了典型的发散结果．

从上面的分析看到，即使我们构造了一个难解且具有欺骗性的函数，遗传算法一般也不会出错．这点无疑揭示了简单的遗传算法之所以在复杂问题领域应用中取得了大部分成功的根本所在．

§2.5 遗传算法欺骗问题的分析与设计

划分系数可以描述关于位片的非线性，这种非线性包含在把二进制串映射到实数的函数中，除此之外作用更大的是，它们可以用来分析一个问题是否是遗传算法欺骗问题，以及怎样设计遗传算法欺骗问题．

考虑求问题 $f(x) = x^2$ 的最大值，其中 x 是 0 与 7 之间的整数，从而 x 可以用 3 位二进制串表示．由于点 111 是最优的，为使问题具有欺骗性，则某些包含 0 的模式的平均适应值要比它们的竞争模式(包含＊和 1)的要高. 对于 1 阶模式，下面条件中一个或多个必须成立：

$$\begin{aligned} f(**1) &< f(**0), \\ f(*1*) &< f(*0*), \\ f(1**) &< f(0**). \end{aligned} \tag{2.29}$$

如果用划分系数 ε 值表示,可以有以下等价关系：

$$\begin{aligned} \varepsilon_1 &< 0 \\ \varepsilon_2 &< 0 \\ \varepsilon_4 &< 0 \end{aligned} \tag{2.30}$$

从第 2.3 节中计算的 ε 值可知,所有划分系数 ε 的值都是正数，从而可以断定,这个问题不是一位欺骗的. 对于 2 阶模式,可以写出另外的关系式,在这种情形下,最后结果也没有出错. 总之，这个问题不是欺骗问题，并且服从简单的遗传搜索. 如果我们发现一个或更多的欺骗条件被满足的话，就会猜想我们可能得到了一个遗传算法难解问题，由于具有欺骗性的函数可能不是遗传算法难解的(例如最小欺骗问题)，但遗传算法难解函数一定是遗传算法欺骗函数，从而要断定一个问题是否一定是遗传算法难解问题还需要进一步的分析.

下面再来利用划分系数给出部分或完全欺骗问题所需的最优和欺骗条件. 仍然假设点 111 是最优解,从而要满足 7 个不等式，它们是 $f_{111} > f_{000}$，$f_{111} > f_{001}$ 等等. 利用划分系数变换，这些不等式可以写成关于 ε 的形式：

$$\begin{aligned} \varepsilon_1 + \varepsilon_3 + \varepsilon_5 + \varepsilon_7 &> 0 \\ \varepsilon_2 + \varepsilon_3 + \varepsilon_6 + \varepsilon_7 &> 0 \\ \varepsilon_1 + \varepsilon_2 + \varepsilon_5 + \varepsilon_6 &> 0 \\ \varepsilon_4 + \varepsilon_5 + \varepsilon_6 + \varepsilon_7 &> 0 \\ \varepsilon_1 + \varepsilon_3 + \varepsilon_4 + \varepsilon_6 &> 0 \\ \varepsilon_2 + \varepsilon_3 + \varepsilon_4 + \varepsilon_5 &> 0 \\ \varepsilon_1 + \varepsilon_2 + \varepsilon_4 + \varepsilon_7 &> 0 \end{aligned} \tag{2.31}$$

可以利用上面 7 个最优条件以及一个或更多欺骗条件来引入欺骗非线性．对于一位欺骗问题，需要下面条件中一个或多个成立：

$$\varepsilon_1 < 0$$

$$\varepsilon_2 < 0$$

$$\varepsilon_4 < 0$$

对于二位欺骗问题，需要下面一组或多组条件成立：

$$\varepsilon_1 + \varepsilon_2 < 0; \quad \varepsilon_2 + \varepsilon_3 < 0; \quad \varepsilon_1 + \varepsilon_3 < 0$$

$$\varepsilon_1 + \varepsilon_4 < 0; \quad \varepsilon_4 + \varepsilon_5 < 0; \quad \varepsilon_1 + \varepsilon_5 < 0$$

$$\varepsilon_2 + \varepsilon_4 < 0; \quad \varepsilon_4 + \varepsilon_6 < 0; \quad \varepsilon_2 + \varepsilon_6 < 0$$

§ 2.6 模式的几何表示

在前面几节中，我们已经从两个方面讨论了模式处理：一是利用模式图示法，它将模式处理视为对具有重要意义的周期性的操作；二是利用最小欺骗问题，将模式处理考虑为一个竞争的生态环境．如果从几何的角度考虑基础位片空间，还能得到其它的有

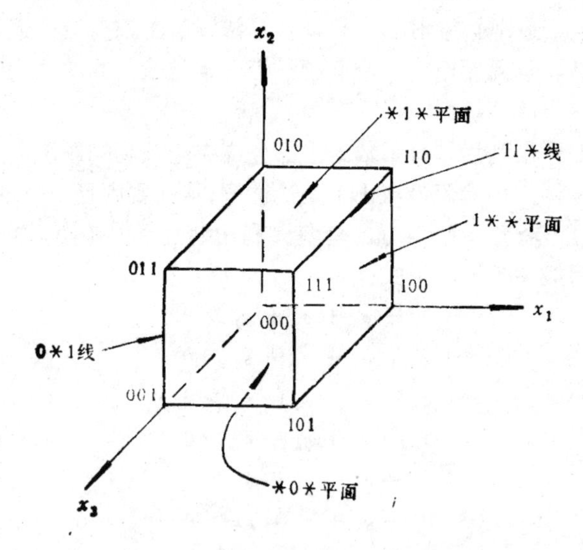

图 2.11 模式在 3 维空间中的示意图

用结果.

为了产生搜索空间的几何表示，首先考虑长度 $l=3$ 的串和模式. 在这种情形下,由于串长很短,可以容易地画出搜索空间的图形,见图 2.11. 利用这种表示,我们将搜索空间视为 3 维向量空间. 在这个空间中,点表示串或 3 阶模式,线表示 2 阶模式，平面代表 1 阶模式,整个空间被 0 阶模式 * * * 所覆盖.

以上结果可以一般化到更高维空间，当然必须改变原来在 3 维空间中的几何概念,其中点、线和平面可以一般化到 n 维空间中不同维数的超平面. 因此，从这个角度来考虑遗传算法的搜索过程，可以发现它是通过不同超平面之间的信息交换来提高搜索性能.

§2.7 遗传算法收敛性分析

从本章第一节中的遗传算法模式定理我们知道了一个给定模式经遗传算子作用后在下一代中出现的期望比例，然而这种定量的描述无助于导出关于杂交和变异算子的定性结论. 本节首先对简单的杂交算子和变异算子进行一般化，然后通过简单的形式体系给出杂交和变异算子的一些重要性质，最后建立遗传算法搜索过程的马尔柯夫模型,并证明算法的强收敛性.

杂交算子本质上是一个组合算子，它也是遗传算法中最重要的算子. 杂交算子有多种，我们在第一章中介绍了简单的一点杂交算子,这个算子有一些局限性,例如它不能把两个串中某些特性组合结合在一起. 考虑图 2.12 中的两个串,其中划线的位表示两个高适应性模式,假设两个模式中任一个被破坏,其好的效果就会失去. 因为第一个模式的确定位在串中两头的位上，无论杂交位置选在什么地方,第一个模式都将被破坏,所以一点杂交算子不能把这两个模式结合在一个串中.

串 1　$\underline{1}101100101101\underline{1}$

串 2　$0001\underline{0}1\underline{1}0111100$

图 2.12　利用一点杂交算子不能结合的模式例子,划线位构成模式.

父代 1　1101 | 100101 | 1011

父代 2　0001 | 011011 | 1100

子代 1　11010110111011

子代 2　00011001011100

图 2.13　利用二点杂交算子能够结合的模式，划线位构成模式，竖线表示两个杂交位置

解决上面问题的一个办法是利用二点杂交算子，这个算子类似于一点杂交算子，所不同的是要随机选取两个杂交位置，两个串相互交换在这两个杂交位置之间的对应位．图 2.13 说明了二点杂交算子作用在图 2.12 中串上的结果．利用二点杂交算子，两个高适应性模式被结合在一个子代串中．

然而，有些模式就是利用二点杂交算子也无法将其结合在一起，这就促使我们研究其他形式的杂交算子．二点杂交算子仅允许串与串在两个选定位置间的一个位段进行交换．如果选取更多的杂交位置，串与串之间就可以进行多个位段交换．下面的分析就是针对这种更一般的杂交算子．

在遗传算法中，变异算子用来在一个群体的串中引入随机变化．可以有多种形式的变异算子，我们这里所讨论的是点态变异，即首先在串上随机地选取一些位置，然后把这些位上的值用随机选取的值来替代．

2.7.1　基本定义

我们把研究范围限制在二进制串，为了简化分析，利用模式概念将所考虑的二进制串空间划分成非重叠子集．杂交和变异算子实际上是串算子，然而，由于模式具有很好的分层结构，所以我们研究这些算子对模式的作用效果，这并不影响结果的一般性．为了分析问题的需要，首先给出下面的定义．

设 $\Sigma=\{*,0,1\}$ 和 $\Sigma'=\{0,1\}$ 是两个串字母表，Σ_l 和 Σ'_l 分别是 Σ 和 Σ' 上包含所有长度为 l 的串的集合．对于任意串 m，按从右到左的顺序记位，并且最右边的位记为第 0 位，m^i 对

应于第 i 位上的值.

定义 Σ_l 中的任一个元 S 是一个模式，它表示 Σ^l 上的从属关系条件.

例1 模式000 * * 表示串长为 5 且最左边三位上都为 0 的所有串的集合,即{00000,00001,00010,00011}.

定义 两个模式 S_a 和 S_b 是非重叠的当且仅当由它们所定义的串的子集合不相交,即 $S_a \cap S_b = \Phi$，在其它情况下，它们重叠.

例2 模式 00 * * 与 01 * * 非重叠.

定义 两个模式 S_a 和 S_b 是位置等价的当且仅当

$$S_a^i = * \Longleftrightarrow S_b^i = *, \qquad 0 \leqslant i \leqslant l-1$$

例3 模式 0 * 1 * 和 1 * 0 * 是位置等价的；模式 00 * * 和 1 * 0 * 不是位置等价的.

定义 设 ψ 是一个非重叠的且位置等价的模式集合，令字母集{0, *}被映射到整数 0,字母 1 被映射到整数 1，则模式族函数 $f:\psi \rightarrow I$ 定义为

$$f(S) = \sum_{i=0}^{l-1} S^i 2^i \tag{2.32}$$

例4 $f(**011) = 3$. 一个模式可以根据它的族函数值归为一个位置等价的非重叠的模式集合,因此 * * 011对应于模式 S_3.

定义 设 ψ 是一个非重叠的且位置等价的模式集合，令字母集{0, *}被映射到整数 0，字母 1 被映射到整数 1,则模式的构成函数 $g:\psi \rightarrow I$ 定义为

$$g(S) = \sum_{i=0}^{l-1} S^i \tag{2.33}$$

例5 $g(011**) = 2$.

定义 设 $S_a, S_b \in \psi$，令字母集 {0, *} 被映射到整数 0，字母 1 被映射到整数 1, $d:\psi \times \psi \rightarrow I$ 是一个模式距离函数并定义为

$$d(S_a,S_b)=\sum_{i=0}^{l-1}(S_a^i\oplus S_b^i)\cdot 2^i \tag{2.34}$$

其中$*\oplus*=*$，$\oplus$是通常的异或算子.

例6 $d(001**,110**)=28$.

定义 对于任意 $S\in\sum_l$，设 $\Pi=\{0,1,2,\cdots,l-1\}$ 是 S 上位置指标的集合,则所有可能的杂交位段的集合记为

$$\Delta=\{(i,j)|(i,j)\in\Pi\times\Pi,\quad i\leqslant j\}$$

定义 设 $Z\subset\Delta,S_a,S_b,S_{a'},S_{b'}\in\psi$，广义杂交算子 $C:\psi\times\psi\times Z\to\psi\times\psi$ 定义为

$$C(S_a,S_b,Z)=\{S_{a'},S_{b'}\}$$

其中 $\forall i$

$$\begin{cases}S_{a'}^i=S_b^i\\S_{b'}^i=S_a^i\end{cases}\text{当 } n\leqslant i\leqslant m,(n,m)\in Z$$

$$\begin{cases}S_{a'}^i=S_a^i\\S_{b'}^i=S_b^i\end{cases}\text{其它情况下}$$

例7 设 $S_a=0010011****$ 和 $S_b=1000110****$，$Z=\{(4,5),(7,9)\}$，则 $C(S_a,S_b,Z)=\{0000010****,1010111****\}$.

定义 对于任意 $S_a,S_b\in\psi,O_{ab}$ 是通过所有可能的广义杂交算子作用在模式 S_a 和 S_b 上所得到的模式集合.

例8

$S_a=00**,\qquad S_b=11**$

$\Pi=\{0,1,2,3\}$

$\Delta=\{(0,0),(0,1),(0,2),(0,3),(1,1),(1,2),(1,3),(2,2),(2,3),(3,3)\}$

$O_{ab}=\{00**,01**,10**,11**\}$

定义 设 $\gamma=P(\Pi)$ 为Π的幂集,变异算子 $M:\psi\times\gamma\to\psi$ 定义为

$$M(S_a,X)=S_{a'}$$

其中

$$S_{a'}^i=\bar{S}_a^i\ \text{当 } i\in X,x\in\gamma,S_a^i\neq *$$

$$S_{a'}^i = S_a^i \quad 其它情况下$$

例9

$$S_a = 0010011****$$
$$X = \{5,7,9\}$$
$$M(S_a, X) = \{0111001****\}$$

2.7.2 守恒杂交算子

引理 2.1 对某个 $Z \subset \Delta$，如果 $C(S_a, S_b, Z) = \{S_{a'}, S_{b'}\}$，则

(i) $f(S_a) + f(S_b) = f(S_{a'}) + f(S_{b'})$ (2.35)

(ii) $g(S_a) + g(S_b) = g(S_{a'}) + g(S_{b'})$ (2.36)

(iii) $h(S_a, S_b) = h(S_{a'}, S_{b'})$ (2.37)

其中函数 h 表示两个模式间的 Hamming 距离，即两个模式间不同位的数目。

证明 (i) 由模式族函数 f 的定义，(i) 中的等式可以变为

$$\sum_{i=0}^{l-1} S_a^i 2^i + \sum_{i=0}^{l-1} S_b^i 2^i = \sum_{i=0}^{l-1} S_{a'}^i 2^i + \sum_{i=0}^{l-1} S_{b'}^i 2^i$$

这等同于

$$\sum_{i=0}^{l-1} (S_a^i + S_b^i) 2^i = \sum_{i=0}^{l-1} (S_{a'}^i + S_{b'}^i) 2^i$$

从杂交算子的定义知道，杂交只涉及两个串之间对应位段的交换，故对串上任一位置 i，都有 $S_a^i + S_b^i = S_{a'}^i + S_{b'}^i$。

(ii) 从 g 的定义可知，引理中的第二个等式为

$$\sum_{i=0}^{l-1} S_a^i + \sum_{i=0}^{l-1} S_b^i = \sum_{i=0}^{l-1} S_{a'}^i + \sum_{i=0}^{l-1} S_{b'}^i$$

$$\sum_{i=0}^{l-1} (S_a^i + S_b^i) = \sum_{i=0}^{l-1} (S_{a'}^i + S_{b'}^i)$$

由 (i) 中同样地有，$S_a^i + S_b^i = S_{a'}^i + S_{b'}^i$。

引理中第二个等式表明了一种不变性，通过杂交后，父代与子代串中 1(或 0)的数目保持不变。

(iii) 引理中第三个等式说明了父代模式对与子代模式对的

Hamming 距离是相同的．由杂交算子的定义，对所有的位置有

$$S_a^i \oplus S_b^i = S_{a'}^i \oplus S_{b'}^i$$

因此

$$\sum_{i=0}^{l-1} (S_a^i \oplus S_b^i) \cdot 1 = \sum_{i=0}^{l-1} (S_{a'}^i \oplus S_{b'}^i) \cdot 1$$

即

$$h(S_a, S_b) = h(S_{a'}, S_{b'})$$

引理得证。

引理 2.2

$$S_c \in O(S_a, S_b) \Longleftrightarrow d(S_a, S_b) = d(S_c, S_{a+b-c})$$

证明　引理 2.2 给出了任一模式成为给定 模式对经杂交后产生的子代串的必要和充分条件．

首先证必要性．如果 S_c 是 S_a 和 S_b 杂交后的一个子代串，则由引理 2.1 的第一个等式知，两个子代串中另一个为 S_{a+b-c}，由函数 d 的定义

$$d(S_a, S_b) = \sum_{i=0}^{l-1} (S_a^i \oplus S_b^i) \cdot 2^i$$

$$d(S_c, S_{a+b-c}) = \sum_{i=0}^{l-1} (S_c^i \oplus S_{a+b-c}^i) \cdot 2^i$$

因为在任意位置 i，杂交涉及的仅是在那个位置的位片之间的交换，故 $S_a^i \oplus S_b^i = S_c^i \oplus S_{a+b-c}^i$，从而有 $d(S_a, S_b) = d(S_c, S_{a+b-c})$

再证充分性．由 $d(S_a, S_b) = d(S_c, S_{a+b-c})$可得

$$\sum_{i=0}^{l-1} (S_a^i \oplus S_b^i) \cdot 2^i = \sum_{i=0}^{l-1} (S_c^i \oplus S_{a+b-c}^i) \cdot 2^i \tag{2.38}$$

又由模式的归类可知

$$\sum_{i=0}^{l-1} S_c^i \cdot 2^i + \sum_{i=0}^{l-1} S_{a+b-c}^i \cdot 2^i = c + a + b - c = a + b$$

$$\sum_{i=0}^{l-1} S_c^i \cdot 2^i + \sum_{i=0}^{l-1} S_b^i \cdot 2^i = a + b$$

故

$$\sum_{i=0}^{l-1}(S_c^i + S_{a+b-c}^i)\cdot 2^i = \sum_{i=0}^{l-1}(S_a^i + S_b^i)\cdot 2^i \qquad (2.39)$$

由式(2.38)和(2.39)可推出

$$S_a^i \oplus S_b^i = S_c^i \oplus S_{a+b-c}^i$$

$$S_a^i + S_b^i = S_c^i + S_{a+b-c}^i$$

其中 $0 \leqslant i \leqslant l-1$. 故对任意位 i,成立

$$S_c^i = S_a^i \text{ 且 } S_{a+b-c}^i = S_b^i$$

或者

$$S_c^i = S_b^i \text{ 且 } S_{a+b-c}^i = S_a^i$$

从而若要使 S_c 和 S_{a+b-c} 是 S_a 和 S_b 的子代，则只要求在模式 S_a 和 S_b 上存在可能的杂交点，使得通过交换对应于这些点之间的位段能够得到 S_c 和 S_{a+b-c}. 对于广义杂交算子，可以有任意数目的杂交段,因此,满足变换需要的杂交点是可能存在的. 引理得证.

2.7.3 完全变异算子

变异算子的完全性是指对于任意两个模式 S_i, $S_j \in \psi$，都可能通过变异算子从模式 S_i 变换到 S_j，即有下面的引理.

引理 2.3

$$p_{ij} = p[(k \mid M(S_i,k) = S_j)] > 0$$

其中 $S_i, S_j \in \psi, k \in \gamma$.

证明 点态变异算子按两步实现：首先随机选取总的变异位置数目,然后选择进行变异的实际位置. 设 $h(S_i,S_j) = t > 0$,这表明 $S_i \neq S_j$，把 S_i 和 S_j 中不同的位置按从右到左的顺序记为 1 到 t.

S_i 变换到 S_j 的概率可以表述为选择 $k \in \gamma$,使得 $M(S_i,k) = S_j$ 的点态变异算子的概率,显然 $|k| \geqslant t$,由变异算子的实现步骤知

$$p[(k \mid M(S_i,k) = S_j)] = p[(k \mid M(S_i,k) = S_j) \mid (X = m \mid m \geqslant t)] \times p[(X = m \mid m \geqslant t)]$$

其中 $p[(k|M(S_i,k)=S_j)|(X=m|m\geqslant t)]$ 是在表示变异位置数目的随机变量 X 取一个不小于 t 的值 m 的条件下，选择子集 k 作为变异位置集合的条件概率，t 表示源模式 S_i 与目标模式 S_j 之间的 Hamming 距离. $p[(X=m|m\geqslant t)]$ 是选择 m 个变异位置使得 $m\geqslant t$ 的概率，由于 X 的值是在 0 与 l（模式的长度）之间一致地选取，故

$$p[(X=m|m\geqslant t)]=1-\frac{t}{1+l}$$

随机变量 X 的值 m 现在可以视为变异试验数. S_i 异于 S_j 的位置 1 到 t 正好都被选择一次进行变异以及其它的位置被选择进行余下 $(m-t)$ 次变异试验，其事件的概率可以由下面的多项分布给出

$$\begin{aligned}&p[(k|M(S_i,k)=S_j)|(X=m|m\geqslant t)]\\&=\sum_{\forall m,t\leqslant m\leqslant l}\frac{m!}{(m-t)!}p_1p_2\cdots p_tp_{m-t}^{m-t}\end{aligned}$$

其中 p_1 到 p_t 记选择 S_i 异于 S_j 的 t 个位置的概率，p_{m-t} 是选择除了这 t 个位置外的其它位置的概率. 由于这些事件的选择是相互独立的且机会均等，因此

$$p_i=\frac{1}{l},\qquad p_{m-t}=1-\frac{t}{l},\qquad \forall i,\qquad 1\leqslant i\leqslant t$$

由上面的表示可以得到

$$\begin{aligned}p_{ij}=&\sum_{\forall m,t\leqslant m\leqslant l}\frac{m!}{(m-t)!}\frac{1}{l^t}\left(\frac{l-t}{l}\right)^{m-t}\\&\times\left(1-\frac{t}{1+l}\right)>0\end{aligned}$$

引理证毕.

2.7.4 遗传算法的马尔柯夫链分析

本节我们讨论遗传算法的马尔柯夫链分析，其主要目的是阐明在遗传算法中杂交和变异算子的作用. 在遗传搜索过程中，一

个新的解群体的产生仅依赖于当前群体，因此从一个给定群体状态达到特定群体状态的搜索过程的条件概率在任何特定时刻都不受有关原来变化结果的影响，从而遗传搜索过程满足马尔柯夫准则。

下面先来定义算法的状态空间。将串长为 k 的整个二进制串区域在长度为 l 的非重叠模式下进行分组，使每个模式代表一个包含 2^{k-l} 个串的子集。每个模式类型由它的十进制值来唯一确定，令 $F=\{0,1,\cdots,2^l-1\}$ 是所有这样模式类型的集合，$F_{P_i}\subseteq F$ 是群体 P_i 中模式类型的特征，在 F_{P_i} 中一个模式类型 m 表示在群体 P_i 中具有一个或多个串出自模式 m。

例10　设 $F=\{0,1,2,3\}$ 是长度为 2 的模式的完全集，如果 $P_i=\{0010,0101,1000,0011\}$，则 $F_{P_i}=\{0,1,2\}$ 表明群体中具有一个或更多个串出自模式类型 0、1 和 2。

定义　S 是马尔柯夫状态空间，它定义为 F 的幂集除去空集

$$S=P(F)-\Phi$$

集合 S 表示由不同的模式类型来描述的所有可能的群体类型。

例11　设 $F=\{0,1,2,3\}$，则

$$S=\{\{0\},\{1\},\{2\},\{3\},\{0,1\},\{0,2\},\{0,3\},\{1,2\},\{1,3\},\{0,1,2\},\{0,1,3\},\{0,2,3\},\{1,2,3\},\{0,1,2,3\}\}$$

其中有 C_4^1 个单模式状态、C_4^2 个二模式状态、C_4^3 个三模式状态和 C_4^4 个四模式状态，这里要注意，虽然$\{0,1\}\subset\{0,1,2\}$，但由这些集合所表示的状态被认为是不同的。

定义　Θ_i 是聚集态，它用于指出群体关于模式类型的表示，其中包含所有具有 i 个模式的马尔柯夫状态的集合。

例12　在上面的例子中有

$$\Theta_1=\{\{0\},\{1\},\{2\},\{3\}\}$$
$$\Theta_2=\{\{0,1\},\{0,2\},\{0,3\},\{1,2\}\{1,3\},\{2,3\}\}$$
$$\Theta_3=\{\{0,1,2\},\{0,1,3\},\{0,2,3\},\{1,2,3\}\}$$
$$\Theta_4=\{\{0,1,2,3\}\}$$

定义 设 $\Theta = \{\Theta_1, \Theta_2, \cdots, \Theta_n\}$ 是所有聚集态的集合，函数 $\Lambda: \Theta \to I$ 表示包含在Θ中的聚集态的代表性，定义为

$$\Lambda(\Theta_i) = i$$

Θ中的聚集态可以基于函数Λ的值来排序，如果 $i < j$，则 $\Lambda(\Theta_i) < \Lambda(\Theta_j)$. 一般地，若有$n$个这样的聚集态，则

$$\Lambda(\Theta_1) < \Lambda(\Theta_2) < \cdots < \Lambda(\Theta_n)$$

我们说用一步从状态 s_i 变换到s_j 是可能的，如果概率 $p(s_i \to s_j) > 0$，这里一步意味着从当前群体作用有限次随机算子产生一个新的群体. 下面的定理给出了杂交算子的一个重要性质.

定理 2.2 设X是群体的初始状态，并假设杂交算子是唯一的随机算子，则有

(1) 如果 $X \in \Theta_1$，则A是吸收态集合，其中

$$A = \{s | s \in \Theta_2, d(s) = k, k = 2^m\}$$

(2) 如果 $X \in \Theta_1$，则 $A = \Theta_1$ 是吸收态集合.

证明 若 $d(S_a, S_b)$ 是 2 的某个幂，则 S_a 与 S_b 仅有一位不同. 由杂交算子的定义易知，当两个父代模式仅在一位上不同时，它们杂交产生的一对子代串与其相同.

若初始群体的状态是单模式类型的，则在任何时刻算法仍使群体保持这种单模式类型，这是因为在此情况下，杂交产生同一模式类型. 定理证毕.

上面讨论了群体在杂交算子的作用下，其吸收态集合的形式. 关于变异算子可以得出，任意两个状态在变异算子作用下是连通的，这里连通是指可以相互变换.

定理 2.3 应用变异算子，所有的状态都是连通的.

证明 在遗传搜索的每一代，首先从当前群体经杂交算子作用产生一个新的群体，然后对这个群体中所有的个体独立地应用变异算子. 设从状态 s_a 变换到状态 s_b 的概率为 $p(s_a \to s_b)$，则定理要证明 $p(s_a \to s_b) > 0$. 假设 $s_a \in \Theta_m$、$s_b \in \Theta_n$，由于 $\Lambda(\Theta_m) = m$、$\Lambda(\Theta_n) = n$，所以在 s_a 和 s_b 中不同的模式类型数分别为m和

n。令群体规模为 $2N$，则在每代中就要进行 $2N$ 次变异试验。设 $s_a=\{a_1, a_2, \cdots, a_m\}$、$s_b=\{b_1, b_2, \cdots, b_n\}$，$p_{a_ib_j}$ 表示从模式 a_i 经一个变异步变换到 b_j 的概率，$n_{a_ib_j}$ 是这样的变异试验次数，其中具有一个从模式 a_i 到 b_j 的变换。由多项分布可得

$$p(s_a \to s_b)=\sum_{\{\forall n_{a_ib_j} \mid \sum_{\substack{1\leqslant i\leqslant m \\ 1\leqslant j\leqslant n}} n_{a_ib_j}=2N\}} \left(\frac{2N!}{\Pi n_{a_ib_j}!}\right)\Pi p_{a_ib_j}^{n_{a_ib_j}}.$$

显然 $p(s_a \to s_b)>0$。定理证毕。

最后我们基于随机化算子杂交和变异的性质给出遗传算法的极限分析，并且揭示在建立算法的强收敛性上这些算子的相互作用。

定理 2.4 如果在代的演化过程中，遗传算法保留最好的解，并且算法以杂交和变异作为随机化算子，则对于一个全局优化问题，随着演化代数趋向于无穷，遗传算法将以概率 1 找到全局最优解。

证明 如果把一个模式看作构成一组子模式（一个模式内的模式），那么马尔柯夫模型及杂交和变异算子的性质在子模式层次仍然保持，从而一个二进制解串可以视为在模式的分层结构内。由定理 2.3 知，所有的算法状态是连通的，因此是持久的，同样的结论可以推广到子模式层次上。由于具有确定长度的二进制串区域是个有限集，从上面的推断可知，遗传算法能够产生所有可能的解串，故定理得证。

在本节的讨论中，我们都是假设杂交对是从当前群体中一致随机地选取，但在算法的实际应用中，杂交对的选取是基于某一适应性准则，不过这种选取准则并不改变算法的极限特性，当然算法的有限特性无疑会受到影响。然而我们这里分析的重点是论证随机化算子杂交和变异在影响算法的强收敛极限特性上所起的作用。遗传算法极限特性的分析表明了算法能够对搜索空间进行持

续的搜索，因此遗传算法特别适于在全局优化问题中应用。至于关系到遗传算法收敛速度的最优控制参数的选取，例如群体规模、比例变换以及选择策略等，我们将在下一章中进行研究。

第三章　解连续优化问题的遗传算法

§3.1　基本的遗传算法

3.1.1　引言

一个全局极小化问题可以形式化为一个对 (S,f)，其中 $S\subset R^n$ 是 R^n 中的有界集，$f:S\to R$ 是 n 维实值函数．所要求解的问题就是要找一点 $x_{\min}\in S$，使得 $f(x_{\min})$ 是 S 上的全局极小值，即求一点 $x_{\min}\in S$，满足

$$\forall x\in S:\qquad f(x_{\min})\leqslant f(x) \tag{3.1}$$

这里我们限制讨论极小化问题，但这并不失问题的一般性，因为一个全局极大值可以通过改变 f 的符号按同样的方式找到．

在许多实际应用领域，如经济和技术科学中，都会遇到全局最优化问题．尽管人们对这个问题进行了大量的研究，但至今的情形仍不令人满意，只是对于那些相对简单的函数，其中 f 是可微的且导数的零点可以解析地计算，才得到了满意的结果．

对于更复杂函数的极小化，通常是利用数值解法，但许多数值解法都不能找到最优解，只是返回一个接近于全局极小的值．接近程度可以用下面的定义形式化．

定义　对于 $\varepsilon>0$，$B_x(\varepsilon)$ 是最小点附近的点的集合，即

$$B_x(\varepsilon)=\{x\in S\mid\exists x_{\min}:\|x-x_{\min}\|<\varepsilon\}$$

定义　对于 $\varepsilon>0$，$B_f(\varepsilon)$ 是其值接近于最小值的点的集合，即

$$B_f(\varepsilon)=\{x\in S\mid\exists x_{\min}:|f(x)-f(x_{\min})|<\varepsilon\}.$$

定义　对于 $\varepsilon>0$，一个点 $x\in S$ 是近极小的，如果满足

$$x\in B(\varepsilon)$$

其中

$$B(\varepsilon)=B_f(\varepsilon)\cup B_x(\varepsilon).$$

全局最优化数值方法可以分为两大类：确定性算法和随机算法。在随机算法中，极小化步骤在一定程度上依赖于概率事件，而确定性算法没有用到概率信息。

确定性算法的缺点是，只有当对 S 上进行穷举搜索及对 f 规定附加的假设条件下，算法才能找到全局极小值。在这些算法中，搜索速度越快的算法也往往意味着需要对 f 做更多的假设，或者不能保证搜索成功。

与此相对照，几乎所有的随机算法都可以证明在概率意义下渐近收敛到全局极小值，即这些算法保证以概率 1 渐近收敛；而且随机算法的计算结果一般要优于那些确定性算法的结果。遗传算法就是其中具有代表性的随机算法。

3.1.2 算法描述

求函数 $f(x)$ 极小值的遗传算法的主要过程如下：

1. 编码表示。给出 S 上点 x 的编码形式，每个 x 表示一个 n 维实向量，其中每个分量都可以用一个二进制串表示，从而一个点 x 的编码 y 由 n 个二进制串构成。

2. 初始化。选择一个整数 N 作为群体的规模参数，然后从 S 上随机地选取 N 个点 $x(i,0),i=1,\cdots,N$，这些点组成初始群体 $P(0)=\{x(1,0),\cdots,x(N,0)\}$。

3. 适应值。计算群体 $P(k)$ 中每个个体 $x(i,k)$ 的适应值 $F(x(i,k))$，其中 k 表示代数，初始代 $k=0$，适应函数 $F(x)$ 可以取为

$$F(x)=\begin{cases}C_{\max}-f(x) & \text{当 } f(x)<C_{\max} \text{ 时}\\ 0 & \text{其它}\end{cases} \tag{3.2}$$

其中 $C_{\max}$ 为输入参数。

4. 选择策略。对每个个体 $x(i,k)$，计算其生存概率 p_i^k

$$p_i^k = \frac{F(x(i,k))}{\sum_{j=1}^{N} F(x(j,k))} \tag{3.3}$$

然后设计一个随机选择策略，使得每个个体 $x(i,k)$ 被选择进行繁殖的概率为 p_i^k.

5. 遗传算子. 先利用选择策略从群体 $P(k)$ 中选择进行繁殖的个体组成父代 $P(k+1)$，然后对 $P(k+1)$ 进行重组，即作用杂交和变异算子来形成下一代新的个体.

杂交是以概率 p_c 交换两个父代个体间对应的分量. 杂交算子有多种，如一点，两点和多点杂交算子，由 $y_1=(a_1,\cdots,a_N)$ 和 $y_2=(b_1,\cdots,b_N)$ 杂交生成的个体位于由 y_1 和 y_2 给出的平行多面体的顶点上.

杂交完成后，再作用变异算子，它是以概率 p_m 改变串上的每一位.

6. 停止准则. 遗传算法循环执行计算适应值、选择复制和应用杂交和变异算子这几个步骤，直到满足某个停止准则，例如算法已找到了一个能接受的解，或已迭代了预置的代数.

一个基本的遗传算法可以用下面的伪码描述：

```
Procedure Genetic Algorithm;
begin
  k: = 0;
  初始化 P(k);
  计算 P(k) 的适应值;
  while (不满足停止准则) do
    begin
      k: = k + 1;
      从 P(k - 1) 中选择 P(k);  {复制算子}
      重组 P(k);                {杂交和变异算子}
      计算 P(k) 的适应值
    end
```

end

从上面可以看到，遗传算法是个迭代过程，在迭代中，算法保持一个定常规模的解群体。每一迭代步(称为代)包括计算出当前群体中个体的适应值，以及基于适应值形成一个新的解群体。

3.1.3 算法性能分析

规定在 S 上的函数 f 定义了一个响应面，优化函数 f 的过程就是在这个响应面上利用某种搜索策略以确定 S 上具有高性能的点。当求函数 f 的极小值时，通常定义点 x 的性能值 $u(x)$ 为：

$$u(x) = f(x) + C \tag{3.4}$$

其中 C 为输入参数。这个变换保证，不管 $f(x)$ 的特征如何，性能 $u(x)$ 的值总是正的。

下面定义两个性能度量，一个是度量算法的收敛性能，另一个是度量算法的进行性能，分别称为离线和在线性能。

定义 在函数 f 的响应面上，搜索算法 a 的在线性能 $U_f(a, T)$ 定义为

$$U_f(a,T) = \text{ave}_t(u_f(t)), \quad t = 0,1,\cdots,T \tag{3.5}$$

其中 $u_f(t)$ 是在时间 t 所得到的性能值。在线性能表示算法在直到当前为止的时间内得到的所有性能值的平均值。

定义 在函数 f 的响应面上，搜索算法 a 的离线性能 $U_f^*(a, T)$ 定义为

$$U_f^*(a,T) = \text{ave}_t(u_f^*(t)), \quad t = 0,1,\cdots,T \tag{3.6}$$

其中 $u_f^*(t)$ 是在时间 $[0,t]$ 内最优的性能值。离线性能表示算法执行中得到的最优性能值的平均值。

考虑下面的测试函数 $F1$ 的极小值：

$$F1:\ f_1(x) = \sum_{j=1}^{3} x_j^2, \quad -5.12 \leqslant x_i \leqslant 5.12 \tag{3.7}$$

我们给出两个经典遗传算法的数值试验，从定量的角度分析遗传算法的在线和离线性能。

算法 R1　由以下三个遗传算子组成：

1. 赌盘选择；

2. 一点杂交算子；

3. 简单变异算子。

算法 R1 依赖于下面几个参数：

N = 群体规模

p_c = 杂交概率

p_m = 变异概率

G = 代间隙

对前面三个参数我们已经非常熟悉，代间隙参数被引入到算法中是允许出现群体重叠的情形。G定义在 0 与 1 之间，是用来控制每一代中群体被替换的百分率：

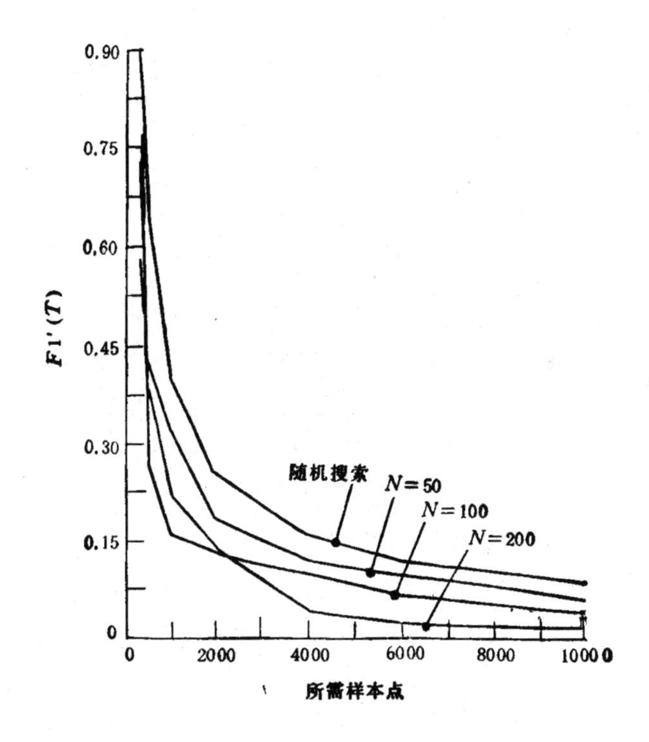

图 3.1 群体规模参数对算法 R1 的离线性能的作用效果

$G = 1$，非重叠群体

$0 < G < 1$，重叠群体

在重叠群体情形，上一代 $P(t)$ 中有 $N \cdot (1 - G)$ 个个体被随机地选择保留到下一代 $P(t+1)$ 中.

首先分析群体规模参数的变化对算法 R1 的影响. 以函数 F1 作为测试函数，图 3.1—3.2 给出了算法 R1 在不同规模参数

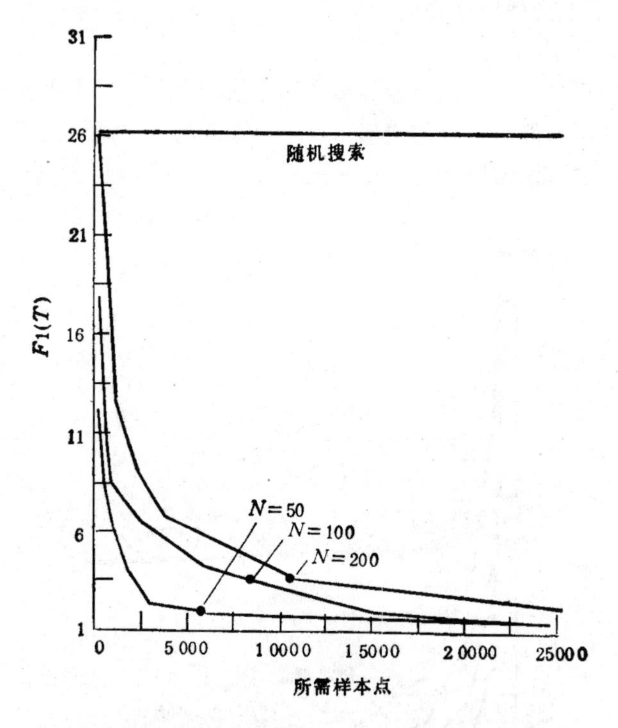

图 3.2 群体规模参数对算法 R1 的在线性能的作用效果

下的离线和在线性能. 正如所预期的，规模越大的群体会导致更好的最终离线性能(收敛性)，因为在规模越大的群体中可以有更多的不同模式. 同时，由于规模越大的群体变化起来比较缓慢，从而其初始在线性能要差一些；另一方面，规模较小的群体能够变化得更快，因此产生更好的初始在线性能.

为了在群体中保持足够的多样性，使解能够不断地改进，常常利用提高变异率的方法，但这并不是万能的，从图 3.3—3.4 中可以明显地看到这一点．在这些试验中（$N = 50, p_c = 1.0, G = 1.0$），虽然提高变异率增加了群体中的多样性，但这是以降低算法的离线和在线性能为代价的．当变异率增加到 $p_m = 0.1$ 时，算法 R1 的离线性能越来越开始接近简单随机搜索算法的离线性能．此外，变异概率的增加会一致地降低在线性能．

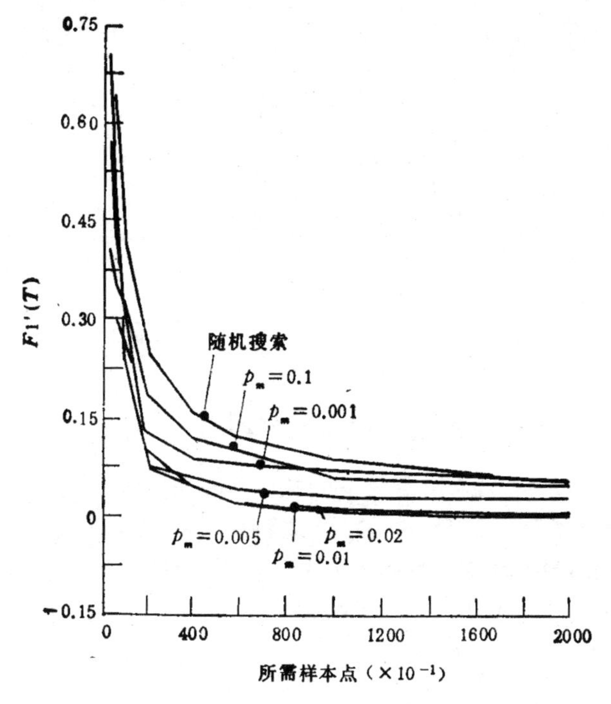

图 3.3 变异概率对算法 R1 的离线性能的作用效果

在算法 R1 的迭代过程中，由于赌盘选择的随机误差，群体中最好的个体有可能失去被选择的机会，从而它不能产生子代个体．一个补救的办法是采取最优选择，算法 R2 就是在算法 R1 的基础上利用了最优选择而得到的．

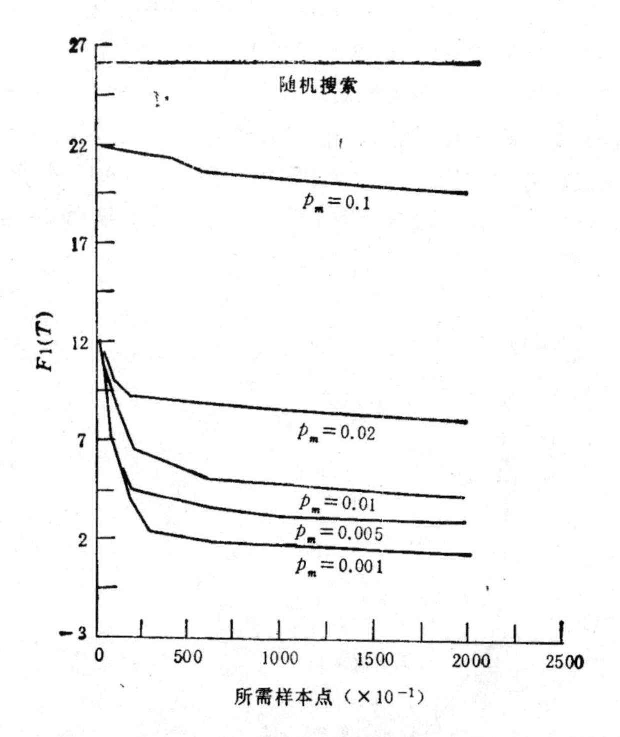

图 3.4　变异概率对算法 R1 的在线性能的作用效果

算法 R2　设 $a^*(t)$ 是直到时间 t 产生的最好个体，按赌盘选择产生 $P(t+1)$ 后，若 $a^*(t)$ 不在 $P(t+1)$ 中，则把 $a^*(t)$ 作为 $P(t+1)$ 的第 $(N+1)$ 个个体。

关于测试函数 F1，算法 R2 的离线和在线性能都比算法 R1 的有明显改进，其中 $N=50$，$p_c=0.6$，$p_m=0.001$，$G=1.0$，如图 3.5—3.6 所示。

3.1.4　从目标函数到适应函数

在遗传算法中，适应值是用来区分群体中个体(问题的解)的好坏，适应值越大的个体越好，反之，适应值越小的个体越差。遗传算法正是基于适应值对个体进行选择，以保证适应性好的个体

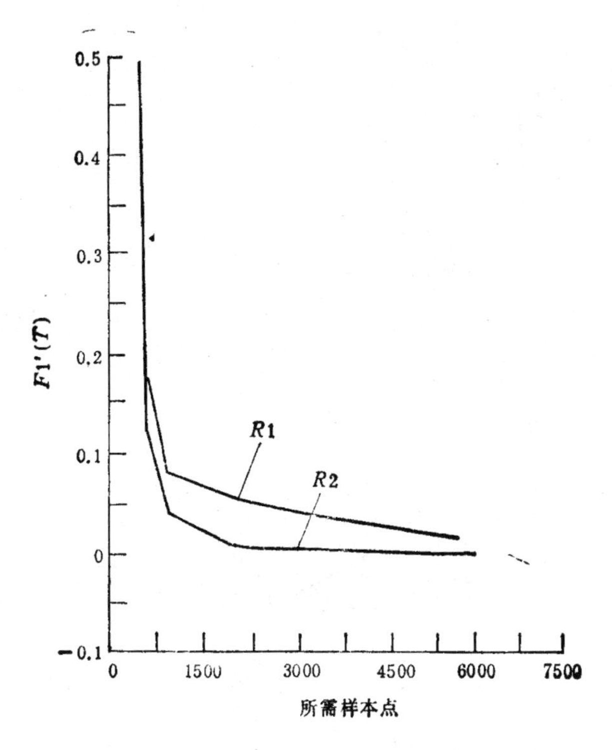

图 3.5 算法 R1 和 R2 的离线性能比较

有机会在下一代中产生更多的子个体。此外，象在赌盘选择中，还要求适应值必须是非负数。然而在许多问题中，求解目标更自然地被表示成某个代价函数 $f(x)$ 的极小化，而不是某个利益函数 $g(x)$ 的极大化；即使问题被表示成极大化形式，仅仅这一点并不能确保利益函数 $g(x)$ 对所有的 x 都是非负的。作为这些问题的结果，常常需要通过一次或多次变换把目标函数转化到适应函数 $F(x)$。

代价极小化与利益极大化的对偶性是我们所熟知的。把一个最小值问题转化为最大值问题可以通过简单地变号来实现，但只有这个运算是不够的，因为这不能保证对所有的情形所得到的结果都是非负值。在遗传算法应用中，经常要用到前面曾讲过的从

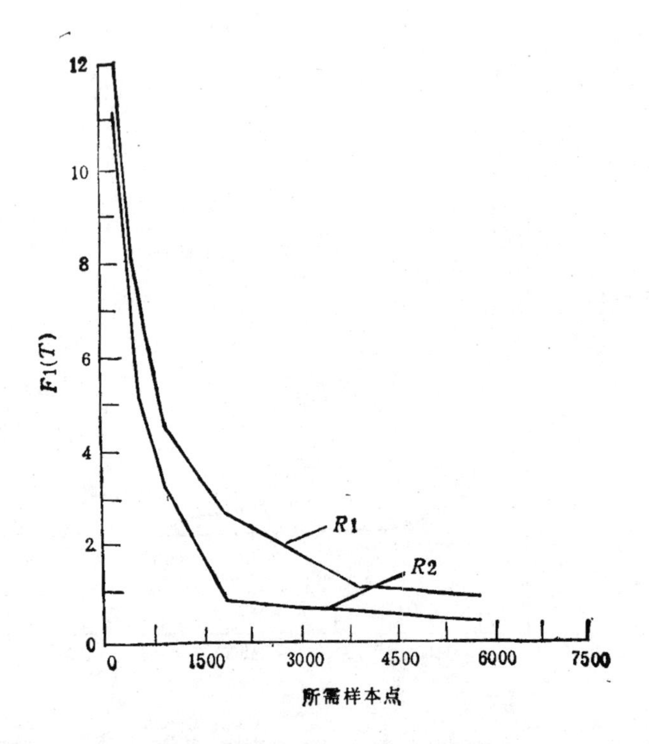

图 3.6 算法 R1 和 R2 的在线性能比较

目标函数到适应函数的变换：

$$F(x)=\begin{cases}C_{max}-f(x) & \text{当 } f(x)<C_{max} \text{ 时}\\ 0 & \text{其它}\end{cases}$$

其中参数 C_{max} 的选取有多种方法，可以取为输入参数、到目前为止所得到的 f 的最大值和在当前群体中或者最近 W 代中 f 的最大值.

当目标函数是利益函数时，可以直接得到适应函数. 如果出现了负利益函数 $g(x)$ 值的情形，可以利用下面的变换来克服：

$$F(x)=\begin{cases}g(x)+C_{min} & \text{当 } g(x)+C_{min}>0 \text{ 时}\\ 0 & \text{其它}\end{cases} \tag{3.8}$$

其中 C_{min} 可以取为输入参数、当前代中或最近 W 代中 g 的最小值的绝对值.

3.1.5 基本的选择方法

在第一章中我们介绍了一种复制算子——赌盘选择，这里再给出其它几种复制算子.

复制就是根据适应值从群体中选择串进行拷贝的过程. 一旦一个串被选择，则将这个串的拷贝放入在一个新的暂时群体——交配池中，以便进行杂交和变异. 当完成了N次复制后，整个暂时群体就被填满了.

（一）确定性选择

对群体中每个串 e_i 计算生存概率 $p_i = F_i / \sum_{j=1}^{N} F_j$，从而得到 e_i 的期望拷贝数 $p_i \cdot N$，仍记为 e_i；根据 e_i 值的整数部分，分配给每个串一个拷贝数，并按照 e_i 值的小数部分对群体中的串进行排序；最后按排列顺序从大到小选择串，直到填满暂时群体.

（二）有退还和无退还随机选择

有退还随机选择就是已经讲过的赌盘选择的另一个名称. 为了减少赌盘选择的随机误差，De Jong（1975）设计了期望值模型，即无退还随机选择. 象上面一样首先计算出每个串的期望拷贝数 e_i；此后，每当一个串被选择杂交，它的期望拷贝数就减少 0.5（在 De Jong 的研究中，由杂交产生的两个子串中只有一个保留下来，这一点与我们讲过的杂交后两个子串都保留下来不同），而当一个串被选择复制而没有杂交，它的期望拷贝数就减少 1.0；在二者之中任一情况下，一旦一个串的期望拷贝数降到 0 以下，这个串就不再得到被选择的机会.

（三）有退还和无退还剩余随机选择

剩余随机选择（有退还和无退还）刚开始和确定性选择一样，计算出每个串的期望拷贝数 e_i，并把整数部分分配给对应串，不同之处在于如何选择暂时群体中的余下串. 在有退还剩余随机选择中，是把 e_i 的小数部分作为赌盘选择的权，利用赌盘选择来填补暂时群体．在无退还剩余随机选择中，把 e_i 的小数部分视为概率，一个接一个地进行贝努里试验，其中小数部分作为成功概率．例如，一个具有期望拷贝数等于 1.5 的串一定会有一个拷贝，并以 0.5 的概率有另一个拷贝．这个过程直到把暂时群体填满为止．

§3.2 遗传算法中控制参数的最优化

3.2.1 自适应系统模型

在经典控制理论中，自适应系统可以抽象地表示成一个标准反馈回路，如图 3.7 所示，其中：

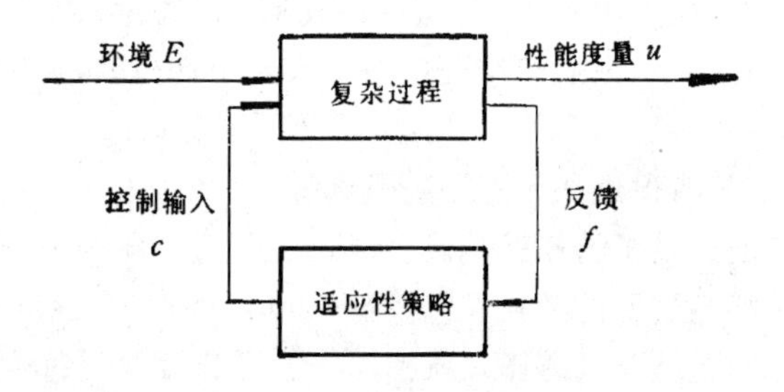

图 3.7 一级自适应系统模型

- 环境集合 E．复杂过程在 E 中运转；
- 允许控制输入集合 C．适应性策略用 C 来修改复杂过程的发生情况；
- 过程性能度量 u．在控制输入 c 下，u 刻画了环境 e 中过程的性能；
- 反馈函数 f．f 提供给适应性策略关于受控过程的动态信息；
- 适应性策略集合 A．通过控制输入中的变化，每个策略利用积累的知识提高过程的性能．

在环境集合 E 中，每个任务环境 e 定义了一个性能响应面，为了确定高性能控制输入，一般要通过直接搜索技术来探查这个响应面。如果响应面相当简单，常规的非线性最优化或控制论技术就可以适用。然而，对许多人们关注的过程，如计算机操作系统及系统模拟程序，响应面往往是关于控制输入的高维、多峰、不连续或有噪声的函数，搜索这样的响应面是非常困难的。在这种情况下，一方面存在最优化技术的挑选问题；另一方面即使当有了适当类型的最优化算法可用，通常还存在各种参数需要调整。参数的不同选取经常会对最优化算法的有效性产生非常大的影响。原始算法的调整问题描述了一个亚级最优化问题，如图 3.8 所示。

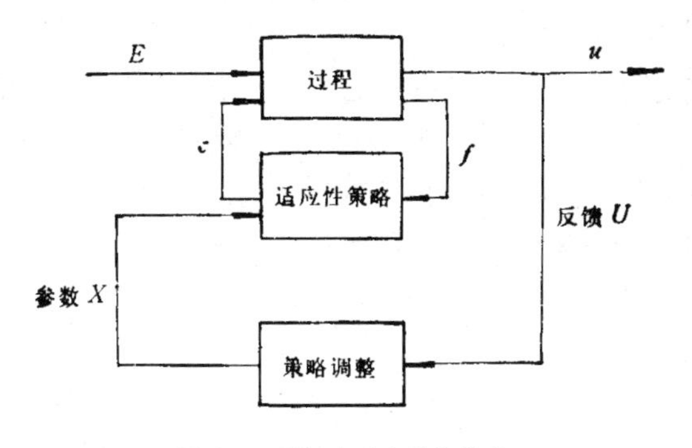

图 3.8 两级自适应系统模型

3.2.2 试验设计

在应用遗传算法中，要首先给定一组控制参数，如群体规模、杂交率和变异率等。控制参数的不同选取会对遗传算法的性能产生很大的影响，要想得到遗传算法执行的最优性能，必须确定最优的参数设置。

本节针对一组标准函数的优化问题，设计了两个试验来搜索由六个控制参数定义的遗传算法的空间，以确定关于在线和离线性能最优的参数设置。这个对原始遗传算法的参数空间优化的过程也是由一个遗传算法来完成的，我们称之为亚级遗传算法。这表明遗传算法对系统优化问题的两级都是适用的，同样地，亚级遗传算法也可以应用到搜索其它参数化的最优化过程的空间。

（一）遗传算法的空间

（1）群体规模 N

群体规模影响到遗传算法的最终性能和效率。当规模太小时，由于群体对大部分超平面只给出了不充分的样本量，所以得到的结果一般不佳。大的群体更有希望包含出自大量超平面的代表，从而可以阻止过早收敛到局部最优解；然而群体越大，每一代需要的计算量也就越多，这有可能导致一个无法接受的慢收敛率。在试验中，群体规模的变化范围是从 10 到 160，增量为 10。

（2）杂交率 p_c

杂交率控制杂交算子应用的频率，在每代新的群体中，有 $p_c \cdot N$ 个串实行杂交。杂交率越高，群体中串的更新就越快。如果杂交率过高，相对选择能够产生的改进而言，高性能的串被破坏得要更快。如果杂交率过低，搜索会由于太小的探查率而可能停滞不前。在试验中设置了 16 个不同的杂交率，从 0.25 变化到 1.00，增量为 0.05。

（3）变异率 p_m

变异是增加群体多样性的搜索算子，每次选择之后，新的群体中的每个串的每一位以概率等于变异率 p_m 进行随机改变，从而每代大约发生 $p_m \cdot N \cdot L$ 次变异，其中 L 为串长。一个低水平的变异率足以防止整个群体中任一给定位保持永远收敛到单一的值。高水平的变异率产生的实质上是随机搜索。在试验中设置了 8 个变异率，从 0.0 按指数递增到 1.0。

（4）代间隙 G

代间隙控制每一代中群体被替换的百分率，即上一代中有 $N \cdot (1 - G)$ 个串被随机地选择保留到下一代中。当 $G = 1.0$ 时表明每一代中整个群体都被替换，$G = 0.5$ 时意指每个群体中有一半的串生存到下一代。在试验中，G 在 0.30 和 1.00 之间变化，增量为 0.10。

（5）比例窗 W

当利用遗传算法求函数 $f(x)$ 的最大值时，通常定义点 x 的性能值为 $u(x)=f(x)-f(x_{min})$，其中 $f(x_{min})$ 是在给定搜索空间中可假定的最小值．这个变换保证，不管 $f(x)$ 的特征如何，性能值 $u(x)$ 总是非负的，但 $f(x_{min})$ 经常不是事先能够得到的，在这种情况下可以定义 $u(x)=f(x)-f_{min}$，其中 f_{min} 是至今计算得到的最小值．这两种定义的 $u(x)$ 都有一个缺陷，不易区分 x 的性能值的差异程度．例如，设 $f(x_{min})=0$，经过几代后，当前群体中的点 x 的函数值都满足 $105<f(x)<110$，此时群体中没有一点很大地偏离平均值，这就减少了朝向更好的点的选择强制，并且搜索会停滞不前．一个解决的办法是定义一个新的参数 f'_{min}，这里不妨取 100，然后以这个为基准进行比例变换，例如，如果 $f(x_i)=110$，$f(x_j)=105$，则 $u(x_i)=f(x_i)-f'_{min}=10$，$u(x_j)=f(x_j)-f'_{min}=5$，现在 x_i 的性能值就与 x_j 的两倍一样的好．

基于一个称为比例窗 W 的参数，试验中研究了三种比例模式。如果 $W=0$，则按下面方式进行比例变换，f'_{min} 置为第 1 代中 $f(x)$ 的最小值；对每一个后继代，那些函数值小于 f'_{min} 的点在选择强制下忽略不计；每当在给定群体中所有点的函数值都超过 f'_{min} 时，f'_{min} 就更新．如果 $0<W<7$，则 f'_{min} 置为在最近 W 代中 $f(x)$ 的最小的值．如果 $W=7$，则不进行比例变换．

（6）选择策略 R

试验中比较了两种选择策略．如果 $R=P$，则利用纯选择，即当前群体中每个点复制的次数比例于点的性能值．如果 $R=E$，则利用最优选择，即首先执行纯选择，除此之外，最优选择规定具有最好性能的点总是保留到下一代．在缺少最优选择的情况下，由于采样误差、杂交和变异，最好性能的点可能会丢失．

通过指定各个参数 N, p_c, p_m, G, W 和 R 的值，可以表示一个特定的遗传算法．在 De Jong 早期的研究中，他提出了在许多遗传算法应用中的参数设置，基于他的结果，我们定义经典的遗传算法为 $GA_S=GA(50, 0.6, 0.001, 1.0, 7, E)$．关于 6 个参数($N, p_c$,

p_m, G, W, R）指定范围的笛卡尔积定义了一个 2^{18} 的遗传算法空间. 在某些情况下,假设其它所有的参数保持不变,预估一个参数的变化将怎样影响遗传算法的性能是可能的，然而要预估各种参数是如何相互作用的还有困难. 关于这个遗传算法空间的解析最优化已远远超过了目前我们对遗传算法的理解，同时有一点也是非常清楚的，对这个空间进行穷举搜索是行不通的. 在本节设计的试验中，这个确定高性能遗传算法的问题是利用一个亚级遗传算法解决的. 在亚级遗传算法的群体中,每个串是由一个 18 位的向量构成的，它代表一个特定的遗传算法. 每个遗传算法的性能是在执行一组函数优化任务中度量的. 亚级遗传算法利用这个信息去指导搜索以确定高性能的算法.

（二）任务环境

在试验中，通过执行五个最优化任务对每个遗传算法进行评价，得到关于算法的在线和离线性能. 组成任务环境的是一组测试遗传算法的标准函数,它们包括:

连续的或不连续的;

凸的或非凸的;

单峰的或多峰的;

二次的或非二次的;

低维的或高维的;

确定的或随机的.

这些函数由表 3.1 给出.

在函数 $F5$ 中,系数为

$$a_{1j} = \{-32,-16,0,16,32,-32,-16,0,16,32,-32,-16,0,16,32,-32,-16,0,16,32,-32,-16,0,16,32\},$$

$$a_{2j} = \{-32,-32,-32,-32,-32,-16,-16,-16,-16,-16,0,0,0,0,0,16,16,16,16,16,32,32,32,32,32\}.$$

函数 $F1$ 是简单的平方求和函数，具有 1 个极小值，在点

表3.1 测试函数

函数编号	函数	界限
F1	$f_1(x)=\sum_1^3 x_i^2$	$-5.12\leqslant x_i\leqslant 5.12$
F2	$f_2(x)=100(x_1^2-x_2)^2+(1-x_1)^2$	$-2.048\leqslant x_i\leqslant 2.048$
F3	$f_3(x)=\sum_1^5 \mathrm{integer}(x_i)$	$-5.12\leqslant x_i\leqslant 5.12$
F4	$f_4(x)=\sum_1^{30} ix_i^4+\mathrm{Gauss}(0,1)$	$-1.28\leqslant x_i\leqslant 1.28$
F5	$f_5(x)=0.002+\sum_{j=1}^{25}\frac{1}{j+\sum_{i=1}^{2}(x_i-a_{ij})^6}$	$-65.536\leqslant x_i\leqslant 65.536$

$x_i=0$；二维 Rosenbrock 函数 $F2$ 是单峰函数，但它是病态的且难以极小化；$F3$ 为不连续函数，是由整数阈值的和得到的，在5维空间中有1个极小值；函数 $F4$ 是有噪声的四次函数；$F5$是多峰函数，具有25个局部极小值。

（三）性能度量

考虑搜索策略的在线和离线性能，为了度量全局稳健性，搜索策略 a 关于整个反应面集合 E 的在线和离线性能分别定义为

$$U_E(a,T)=100.0\cdot ave_e(U_e(a,T)/U_e(\mathrm{rand},T))\quad e\in E \tag{3.9}$$

$$U_E^*(a,T)=100.0\cdot ave_e(U_e^*(a,T)/U_e^*(\mathrm{rand},T))\quad e\in E \tag{3.10}$$

其中 $U_e(\mathrm{rand},T)$ 和 $U_e^*(\mathrm{rand},T)$ 分别是在反应面 e 上纯随机搜索的在线和离线性能。正规化后，纯随机搜索的 U_E 和 U_E^* 都是100.0，相应地，那些更有效的搜索策略的 U_E 和 U_E^* 的值将要小一些(关于最小化问题)。

（四）试验步骤

执行两个试验，一个是优化在线性能，一个是优化离线性能。每个试验的过程如下：

第一步，利用亚级遗传算法搜索由6个遗传算法参数定义的遗传算法空间，共进行1000次对遗传算法的评价。每次评价包括运行一个遗传算法优化任务环境中的5个测试函数，共进行5000次函数计算，并把结果就随机搜索关于同样函数所得的性能进行正规化。在遗传算法空间的允许变化范围内随机产生50个遗传算法的参数设置作为亚级遗传算法的初始群体。亚级遗传算法的控制参数为（50,0.6,0.001,1.0,7,E），即为经典的遗传算法，已有的结果表明这组参数设置对许多问题都能产生相当好的结果，因此对亚级遗传算法这是很自然的选择。

第二步，因为遗传算法是随机化算法，在亚级试验中，一个遗传算法在一次试验中的性能代表性能分布中的一个样本点，所以在第一步中显示最好性能的遗传算法还要接受进一步的检验。选取第一步中20个最好性能的遗传算法，利用它们对每一个测试函数进行5次试验，在每次试验中选用不同的随机数。把这一步中产生最好性能的遗传算法作为试验中的获胜者，即最后要确定的遗传算法。

3.2.3 试验结果

（一）试验 1——在线性能

试验1是搜索在线性能最优的遗传算法，图3.9显示了在20代的每一代中50个遗传算法的平均在线性能。由于在任务环境中随机搜索的在线性能是100.0，从图3.9中的初始数据可以估计，在搜索空间中所有的遗传算法的平均在线性能近似地等于56.6，即大约优于随机搜索43.4%，图中还显示了遗传算法的最后群体比初始的平均在线性能有显著的提高。

试验1确定了 $GA_1 = GA(30, 0.95, 0.01, 1.0, 1, E)$ 是在线性能最优的遗传算法，在任务环境中进一步比较 GA_1 与 GA_S，前者提高了3.09%（以随机搜索的性能为基准），这表示了一个小的但却是统计的显著提高。GA_1 优于 GA_S 的期望在线性能的原因可以归于下面两个因素，首先，GA_1 用了更小的群体，从而允许在给定数目的试验中演化更多的代，例如关于任务环境中的函数，按平均计算 GA_1 的代数是 GA_S 的两倍；其次，GA_S 中没有用比例变换，而 GA_1 由于利用小的比例窗（1 代），致使了更有向的搜索。这两个因素显然被在 GA_1 中显著提高杂交率和变异率所平衡，更高的杂交率趋向于以更高的比率破坏被选择复制的串，这一点对小的群体尤其重要，因为在小的群体中高性能串更易迅速控制群体，致使过早收敛到局部最优；更高的变异率也有助于阻止过早收敛到局部最优。

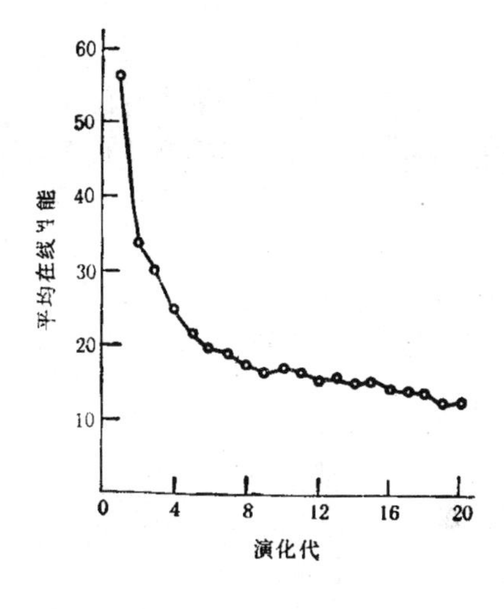

图 3.9 试验 1

（二）试验 2——离线性能

试验 2 搜索在任务环境中关于离线性能最优的遗传算法，图 3.10 显示了在 20 代的每一代中 50 个遗传算法的平均离线性能。图中初始数据表明所有遗传算法的平均离线性能(214.8)要比随机搜索的平均离线性能(100.0)差得多，这个结果证实了已往的经验。当使用不好的控制参数时，遗传算法可能会过早地收敛到局部最优解。例如，如果群体非常小(如 $N = 10$)，那么取自任意给定超平面表示的数目会太小，以至选择强制会使一个相对好的串可能在几代后就控制整个群体，除非采用高变异率，否则遗传算法将很快收敛到局部最优解。与此相对照，随机搜索通常会在最先的 1000 次试验内确定至少一个高性能点，因此会有相对好的离线性能，这就是说，当目标是要求好的离线性能时，通常可以选择随机搜索作为搜索策略。有一点是鼓舞人心的，那就是关于离线性能有许多遗传算法比随机搜索执行好得多。

试验 2 确定了 $GA_2 = GA(80, 0.45, 0.01, 0.9, 1, P)$ 是关于离线性能最优的遗传算法. 在任务环境中进一步比较 GA_2 与 GA_S 的离线性能,可以看到 GA_2 有 3.0% 的提高,然而由于关于离线性能遗传算法表现出了强烈变化，所以这不表示在 GA_2 和 GA_S 之间有统计的显著不同. GA_2 与 GA_S 之间的差异在于, GA_2 具有更大的群体和更高的变异率，故群体趋向于包含更多的

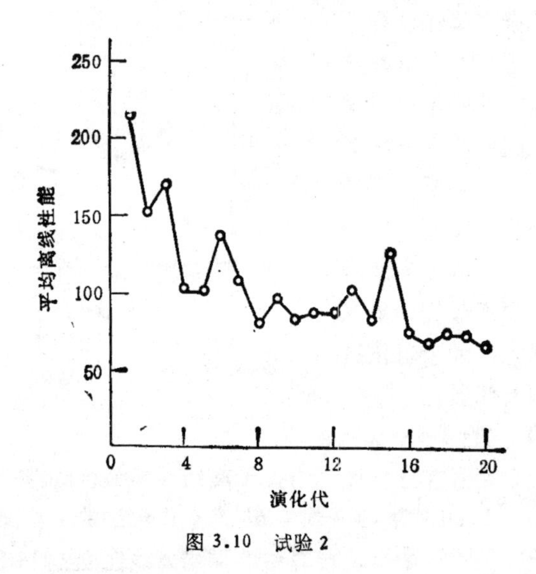

图 3.10　试验 2

变种，同时，GA_2 中稍低的代间隙也趋向于减少选择的效果，因此增加了遗传算法中的随机性. 以上几个因素被低的杂交率和小的比例窗所平衡,因为后者趋向于加强选择的强制性.

（三）一般性观察结果

上面的试验除了确定两个关于不同性能度量的最优遗传算法外,还提供了 2000 个具有不同参数设置的遗传算法的性能. 尽管从这些不相关的样本点数据中很难做出有效的统计推断，然而这些数据确实表现出下面一些规律性:

(1) 一方面，高于 0.05 的变异率一般会使在线性能下降，特别是当变异率高于 0.1 时,不管其他的参数怎样设置，遗传算法的

性能都会接近于随机搜索的性能；另一方面，没有变异也会使遗传算法性能下降，这表明变异对恢复失去的值起重要的作用。

(2) 图 3.11 显示了平均在线性能与群体规模之间的关系，其中不包括那些变异率高于 0.05 的遗传算法，从图中可知，当群体规模在 30 到 100 之间时可以得到最好的在线性能. 类似地 可以绘出平均离线性能与群体规模之间的关系图. 能够得到最优群体规模范围在 60 到 110。

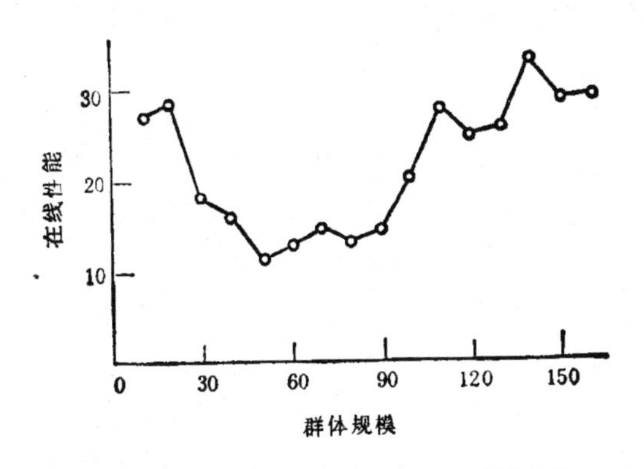

图 3.11 试验 1 中各种群体规模的平均在线性能

(3) 采用小的比例窗(1 到 5 代) 可以略微提高在线和离线性能，因为在搜索过程的后阶段比例变换增强了选择的强制性。

(4) 在小规模群体(20 到 40)中，高杂交率与低变异率相结合或低杂交率与高变异率相结合常常能得到好的在线性能。

(5) 对于中等规模的群体(30 到 90)，随着群体规模的增加，最优杂交率出现减小的现象. 例如，在群体规模为 30 的所有遗传算法中，其中最优的百分之十的平均杂交率是 0.88；当群体规模为 50 时，最优的杂交率减少到 0.50；群体规模为 80 的最优杂交率是 0.30。其中的原因在于，在较小的群体中杂交对阻止算法过早收敛起重要的作用。

总之，遗传算法的性能表现出是控制参数的非线性函数，然而，试验中所得到的数据还太有限不能证实或否定在遗传算法的性能空间中存在不连续性或多重局部最优。

§3.3 适应值的比例变换

3.3.1 基本的比例方法

在前两节内容中已经遇到过适应值的比例变换问题，例如目标函数到适应值的变换及比例窗参数的引入，进行适应值比例变换的目的是调节遗传算法执行过程中串的复制数目以提高算法的性能，其主要原因在于以下三点：

(1) 如果问题不是求目标函数的最大值，或对某些 x 目标函数的值是负的，就要进行适当的变换以满足适应值的要求。

(2) 在遗传算法搜索过程的起始阶段，群体中常常有极少的个体相对大多数个体而言适应性非常好，如果这时按通常的选择规则($p_i = F_i/\sum F_j$)，这几个非常好的个体就可能会控制选择过程，这种情况需要避免，因为会导致过早的收敛；在搜索过程的后期，群体中可能还存在足够的多样性，然而群体的平均适应值可能会接近群体中的最优适应值，如果不改变这种情形，在后继代中具有平均适应值的个体和最好的个体就几乎得到相同的复制数目，故群体中这时实际上不存在竞争，这将会减慢算法的收敛速度。

(3) 在某些情况下，根本没有目标函数，要求解的问题是找到一组参数以使某个系统按最好的可能方式执行。我们能够断定系统何时性能好一些以及何时性能差一些，这实际上是对系统所有可能发生的情况进行的一种排序，即对个体 x 和 $\bar{x}$，可以判断 x 好于 $\bar{x}(x > \bar{x})$ 或 x 差于 $\bar{x}(x < \bar{x})$。这种没有目标函数的问题称为有序问题，对目标函数已知的问题则称为值问题。

本节的主要内容是讨论如何选择最优的适应值的比例变换。当然可以首先找一个函数 $J:S \to R$ 满足与$>$的一致性，即 $x > \bar{x}$ 当且仅当 $J(x) > J(\bar{x})$，然后将遗传算法运用到 J 上。但问题是这个函数 J 不是唯一定义的，对任意单调函数 $u:R \to R$，目标函数 $\bar{J}(x) = u(J(x))$ 也是与$>$一致的，而且应用遗传算法到 J

和 $u(J)$ 上的结果可能根本不同：对某些 J，遗传算法会收敛得特别慢，而对另外的 $\bar{J}$，遗传算法会很快收敛，所以如何选择 J 是非常重要的。

从 J 变换到 $u(J)$ 可以显著地提高算法性能的事实表明比例变换 u 有助于解决问题(1)和(2)。在有序问题中，此时没有给出目标函数，可以取适应函数 $F(x_i)=u(r_i)$，其中 u 是一个比例函数，r_i 是群体中个体 x_i 的序数(最好的个体序为 1，次最好的序为 2，…，最差的序为 N)。

目前经常用到的适应值的比例方法有三种：线性比例、幂比例和指数比例。

(一) 线性比例

设原适应函数为 F，比例适应函数为 u，则线性比例变换满足下面的线性关系式：

$$u(F)=aF+b \tag{3.11}$$

系数 a 和 b 可以用许多方法选择，但必须满足下面两个条件：第一，平均比例适应值 u_{avg} 等于原平均适应值 F_{avg}；第二，最大的比例适应值是平均适应值的指定倍数，即 $u_{max}=C\cdot F_{avg}$，其中 C 一般取为 2。这两个条件保证平均群体个体和最好的个体的期望复制数分别为 1 和 C。

在应用线性比例方法时，要格外注意防止出现负比例适应值。在搜索过程的开始阶段，应用线性比例不会出现问题，因为此时群体中极少的非常好的个体按比例缩小，同时稍差的个体按比例增大，如图 3.12 所示。在搜索过程的后期常会出现这样情形，群体中最差的几个个体远远低于群体平均和最大适应值，并且后两者相对接近在一起，这时要想达到规定的比例就会使低适应值在比例变换后成为负值，如图 3.13 所示。解决这个比例问题的办法是，仍保持原平均适应值和比例平均适应值相等，并且把原最小适应值 F_{min} 映射到比例适应值 $u_{min}=0$。

(二) 幂比例

幂比例变换是使比例适应值取为原适应值的某个指定幂：

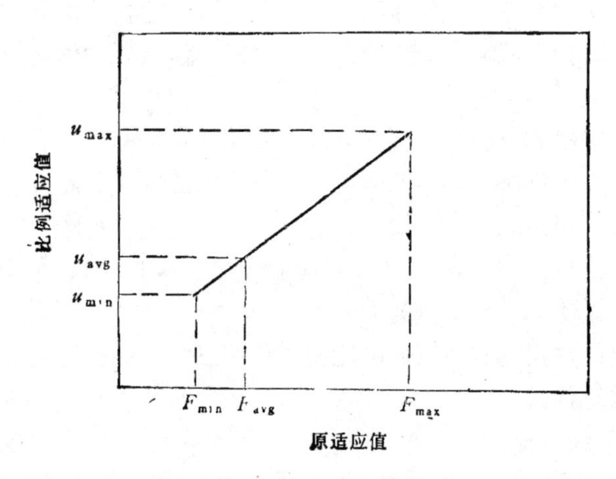

图 3.12 正常条件下的线性比例

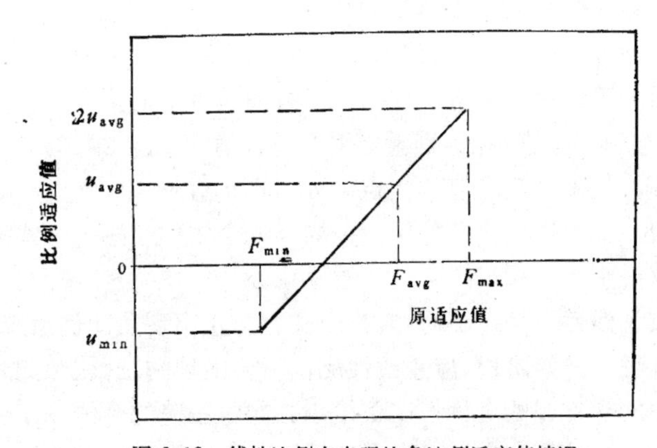

图 3.13 线性比例中出现的负比例适应值情况

$$u(F) = F^{\alpha} \tag{3.12}$$

这种类型的比例方法是由 Gillies（1985）提出的，在机器视觉应用中 α 的最优值为 1.005；然而 α 值一般是依赖于问题的，在算法执行中需要变化以满足要求的伸缩范围。

（三）指数比例

设原适应函数为 F，比例适应函数为 u，则指数比例变换满足下面的关系式：

$$u(F) = \exp(-\beta F) \tag{3.13}$$

这种类型比例方法的基本思想出自于模拟退火过程.

下面应用指数比例方法处理两组典型的数据.

例 1 群体中有六个串,其中一个串的适应值非常大:

原适应值	200	8	7	6	5	4
比例适应值($\beta = -0.005$)	2.718	1.041	1.036	1.030	1.025	1.020

例 2 群体中有六个串,它们的适应值都比较接近:

原适应值	9	8	7	6	5	4
比例适应值 ($\beta = -0.5$)	90	55	33	20	12	7

从上面可以看到,指数比例既可以让非常好的串保持多的复制机会,同时又限制了其复制数目以免其很快控制整个群体;这种方法也提高了相近串间的竞争性.系数 β 的值是非常重要的,它决定选择的强制性,β 越小,选择强制就越趋向于那些具有最高适应值的串.

3.3.2 用于选择比例函数的准则的性质

由于利用比例变换可以显著地提高遗传算法的性能,所以选择一个适当的比例函数是非常重要的.可是现有的比例方法多是特别的,缺乏深入的理论根据,因此有必要指出目前实际中应用的比例方法是否是最好的或能否找到更好的比例方法.

在生存概率表达式 $p_i = F_i/\sum_{j=1}^{N} F_j$ 中,若把所有的适应值都乘以常数 C,即用 $\tilde{F}(x) = CF(x)$ 代替 $F(x)$,则生存概率的值仍不变.同样地,由函数 $u(z)$ 和 $\tilde{u}(z) = Cu(z)$ 得到的是一样的概率,由此结果也一样.从这一点来看,选择了一个函数 u 实质上是选择了函数 u 的一个族,即如果一个函数 $u(z)$ 属于某一族,则对于每个正实数 C,这个族必包含函数 $\tilde{u}(z) = Cu(z)$.在最简单的情形中,函数 $u(z)$ 的族为 $\{Cu(z)\}$.

要选择最好的函数族,首先要给出判断的准则,选择准则可以是计算复杂性、最优化效率或其他条件.在数学最优化问题中,数值准则是最常用到的,这里就是对每个族指定一个值表示其性能.

并选择一族使得这个值是最大的．不过没有必要仅限制在数值准则，例如，如果有几个不同的族都具有相同的平均运行时间 T，则可以在其中选一个族具有最小失败百分率 P．在这种情况下，实际上用到比较两个族的准则不是数值的，而是更复杂的：一个族 Φ_1 优于族 Φ_2 当且仅当 $T(\Phi_1) < T(\Phi_2)$ 或 $T(\Phi_1) = T(\Phi_2)$且 $P(\Phi_1) < P(\Phi_2)$．一个准则必须能够分辨每一对族 Φ_1 和 Φ_2，即根据这个准则可以判断 Φ_1 更好（记为 $\Phi_2 < \Phi_1$）或 Φ_2 更好（$\Phi_1 < \Phi_2$）或者这两个族具有相同的性能（记为 $\Phi_1 \sim \Phi_2$）．

作为选择最优函数族的准则，必须具备以下三条性质．

（1）一致性

选择的结果必须是一致的，例如，如果 $\Phi_1 < \Phi_2$ 且 $\Phi_2 < \Phi_3$，则 $\Phi_1 < \Phi_3$．

（2）决定性

每个准则必须具有决定性，就是说它必须选择一个唯一的最优族（一个族相对于这个准则比任意其他的族都好）．这个要求是很自然的，如果一个准则根本不能选择任何一个族，那么它就没有用；如果对这个准则而言有几个不同的族都是最好的，则还需要另外的准则以确定其中绝对最好的族．在后面这种情况中，实际上是舍弃了那个可选几个最优族的准则，而考虑一个新的组合准则：根据这个新的准则 Φ_1 比 Φ_2 好，要么是根据原来的准则 Φ_1 好于 Φ_2，要么是根据原来的准则它们有相同的性能并且根据附加的准则 Φ_1 好于 Φ_2．

（3）不变性

准则的不变性是指比例函数之间的相对性能不依赖于问题中所用的单位以及所选择的不同起点．目标函数 $f(x)$ 的值依赖于所用的单位，例如，在货郎担问题中，当求路径 x 的最小长度 $f(x)$ 时，长度可以用英里或公里来表示，如果 $f(x)$ 是用英里表示的长度，则用公里表示的长度是 $cf(x)$，其中 $c = 1.6$ 是 1 英里的公里数．假设现在用英里作为单位，比较两个不同的比例函数 $u(z)$ 和 $\tilde{u}(z)$，结果是 $u(z)$ 要好一些，那么当利用相同的方法以公里为长度单位时，使用 u 的结果也应该好于使用 $\tilde{u}$ 的结果。但是，应用比例函数 u 到公里长度得到的适应值 $F(x)=u(cf(x))$ 与应用一个新的比例 $u_c(z)=u(cz)$ 到英里长度上的结果是一致的，因此可以得出，如果 u 好于 $\tilde{u}$，则 u_c 好于 $\tilde{u}_c$，其中 $u_c(z)=u(cz)$，$\tilde{u}_c(z)=\tilde{u}(cz)$。这个结论对每个 c 都必须是成立的，因为所用的单位不仅可以是英里或公里，还可以是任意单位。

另一个不变性是与在问题中所选择的不同起点相联系的，例如，当求解一个财政问题时，既可以最大化净税收 $R(x)$，也可以最大化利润 $P(x)$，两者的不同是，利润是从净税收中减去所有的开支得到的，如果开支是固定的，设为 a，则 $P(x)=R(x)-a$。

从数学的观点看，最大化 $R(x)$ 和最大化 $P(x)=R(x)-a$ 是同样的问题，两个函数都是在相同的点得到它们的最大值，因此有理由期望，当把比例函数 $u(z)$ 和 $\tilde{u}(z)$ 应用到 $R(x)$ 上时，若 $u(z)$ 好于 $\tilde{u}(z)$，则当把它们应用到 $P(x)$ 上时，$u(z)$ 也好于 $\tilde{u}(z)$。但是，应用 $u(z)$ 到 $R(x)-a$ 上的结果 $F(x)=u(R(x)-a)$ 等于应用一个新的函数 $u_a(z)$ 到 $R(x)$ 上的结果，其中 $u_a(z)=u(z-a)$，所以可以得出，如果 $u(z)$ 好于 $\tilde{u}(z)$，则比例函数 $u_a(z)$ 一定好于 $\tilde{u}_a(z)$，其中 $u_a(z)=u(z-a)$，$\tilde{u}_a(z)=\tilde{u}(z-a)$。

3.3.3 比例函数的一维族

下面首先介绍几个关于比例函数的一维族的定义。

定义 一个比例函数是指一个从实数映射到实数的可微的单调函数，称两个比例函数 $u(z)$ 和 $\tilde{u}(z)$ 是等价的，如果对某个正常数 C 有 $\tilde{u}(z)=Cu(z)$。

定义 一个比例函数 $u(z)$ 的一维族是指函数集合 $\{Cu(z)\}$，其中 C 是所有正实数。所有一维族的集合记为 S_1。

定义 一个关系对 $(<,\sim)$ 称为一致的，如果它满足下面的条件：

1. 如果 $a<b$ 且 $b<c$，则 $a<c$；

2. $a\sim a$；

3. 如果 $a\sim b$，则 $b\sim a$；

4. 如果 $a\sim b$ 且 $b\sim c$，则 $a\sim c$；

5. 如果 $a<b$ 且 $b\sim c$，则 $a<c$；

6. 如果 $a\sim b$ 且 $b<c$，则 $a<c$；

7. 如果 $a<b$，则 $b<a$ 或 $a\sim b$ 是不可能的.

定义 假设集合 A 给定，其中的元素称为选择对象，那么一个最优准则就是指在所有选择对象的集合 A 上的一个一致关系对 $(<,\sim)$. 对于集合 A 中的选择对象 a 和 b，如果 $b<a$，则称 a 比 b 好；如果 $a\sim b$，则称对应于这个准则 a 和 b 是等价的. 称选择对象 a 对应于一个准则 $(<,\sim)$ 是最优的，如果对任何其他的选择对象成立 $b<a$ 或者 $a\sim b$.

定义 称一个准则是决定性的，如果存在一个最优的选择对象且这个最优选择对象是唯一的.

定义 加 a 到一个函数 $u(z)$ 的结果是指函数 $u_a(z)=u(z+a)$，加 a 到一个族 Φ 的结果是指由加 a 到 $u\in\Phi$ 得到的函数的集合，并记为 $\Phi+a$. 称一个最优准则在 S_1 上是移动不变的，如果对任意两个族 Φ 和 $\tilde{\Phi}$ 以及每一个数 a，满足下面两个条件：

1. 在这个准则意义下如果 $\tilde{\Phi}<\Phi$，则 $\tilde{\Phi}+a<\Phi+a$；

2. 在这个准则意义下如果 $\Phi\sim\tilde{\Phi}$，则 $\Phi+a\sim\tilde{\Phi}+a$.

从下面的定理可以知道，在某种最优准则意义下指数比例函数可以是最优的.

定理 3.1 如果一维族 Φ 在某一最优准则意义下是最优的，且这个最优准则是决定性的和移动不变的，则 Φ 中每一个函数 $u(z)$ 对于某一 β 等价于 $\exp(-\beta z)$.

证明 首先来证最优族 Φ_{opt} 存在且在如下意义下是移动不变的，对所有的实数 a 有 $\Phi_{opt}=\Phi_{opt}+a$. 由于最优准则是决定性的，因此存在唯一的最优族 Φ_{opt}. 现在证明这个最优族是移动不变的. Φ_{opt} 是最优的表明对任何其他的 Φ，都有 $\Phi < \Phi_{opt}$ 或者 $\Phi_{opt} \sim \Phi$. 如果对某个 $\Phi \neq \Phi_{opt}$，有 $\Phi_{opt} \sim \Phi$，则从最优准则的定义可推出 Φ 也是最优的，这与仅有唯一的最优族相矛盾，所以对每一个 Φ，都有 $\Phi < \Phi_{opt}$ 或者 $\Phi_{opt} = \Phi$.

取任意 a，令 $\Phi = \Phi_{opt} + a$，如果 $\Phi = \Phi_{opt} + a < \Phi_{opt}$，则从最优准则的移动不变性可以得到 $\Phi_{opt} < \Phi_{opt} - a$，这与 Φ_{opt} 为最优族相矛盾，所以 $\Phi = \Phi_{opt} + a < \Phi_{opt}$ 是不可能，因此 $\Phi_{opt} = \Phi = \Phi_{opt} + a$，即最优族是移动不变的.

下面推出最优族中函数 u 的具体形式. 由加 a 到 $u(z)$ 得到的函数 $u(z+a)$ 属于 $\Phi + a$，从上面的结果知 $u(z+a) \in \Phi$，然而 Φ 中所有的函数可以通过彼此乘一个常数来得到，所以

$$u(z+a) = C(a)u(z) \tag{3.14}$$

其中 C 依赖于 a. 函数方程(3.14)的最一般的单调解为 $u(z) = C\exp(-\beta z)$. 定理证毕.

定义 在函数 $u(z)$ 中，从原单位改变到一个新单位的结果是

$$f_c(z) = f(cz) \tag{3.15}$$

其中原单位是新单位的 c 倍. 在一个族 Φ 中，按 $c > 0$ 的单位改变的结果是由 $u \in \Phi$ 通过这个单位改变所得到的全部函数的集合，记为 $c\Phi$. 称 S_1 上最优准则是单位不变的，是指对任意两个族 Φ 和 $\tilde{\Phi}$ 及每个数 $c > 0$，满足下面两个条件:

1. 在这个准则意义下，如果 $\tilde{\Phi} < \Phi$，则 $c\tilde{\Phi} < c\Phi$;
2. 在这个准则意义下，如果 $\tilde{\Phi} \sim \Phi$，则 $c\Phi \sim c\tilde{\Phi}$.

定理 3.2 如果一维族 Φ 在某一最优准则意义下是最优的，且这个最优准则是决定性的和单位不变的，则 Φ 中每一个函数 $u(z)$ 对于某一 α 等价于 z^α.

证明 类似于定理 3.1 的证明，可以得出对任一 c 存在一个 C，使得对所有的 z 成立

$$u(z) = C(c)u(z) \tag{3.16}$$

这个函数方程的解为对某一 α

$$u(z)=Cz^a$$

定理证毕.

比较上面两个定理中的结果，在移动不变的准则下得到的是指数函数，而在单位不变的准则下得到的是幂函数，二者根本不同，所以在 S_1 上一个单位不变的准则不可能是移动不变的.

如果希望准则既是移动不变的又是单位不变的，那么就不能把比例函数限制在函数的一维族上，而必须考虑多维族. 定义函数的有限维族的通常方式是确定有限个函数 $u_i(z)$，并考虑它们任意的线性组合.

3.3.4 比例函数的 m 维族

定义 固定一个正整数 m，基函数是指 m 个光滑的线性无关的函数 $u_i(z), i=1,\cdots,m$. 函数的一个 m 维族是指对某个集合 $\{u_i(z)\}$ 而言，类型为 $u(z)=\sum\limits_{i=1}^{m} C_i u_i(z)$ 的所有函数，其中 C_i 是任意常数. 所有 m 维族的集合记为 S_m.

线性无关表明所有这些线性组合 $\sum C_i u_i(z)$ 是不同的. 如果函数 $u_i(z)$ 不是线性无关的，则它们中的一个可以表示成其它的线性组合，所以所有的 $u(z)$ 可以用少于 m 个的函数来表示. 我们知道每个线性空间都是由基函数生成的，对任意 $\{u_i(z)\}_{i=1}^{m}$，所有线性组合的集合要么生成一个 m 维族，要么形成一个 $l(l<m)$ 维族.

前面定义的最优准则、决定性准则、移动不变的准则和单位不变的准则可以应用到 S_m 上.

定理 3.3 如果 m 维族 Φ 在某一最优准则意义下是最优的，且这个最优准则是决定性的和移动不变的，则 Φ 中每个函数 $u(z)$ 等于类型为 $z^p\exp(\alpha z)\sin(\beta z+\phi)$ 的函数的线性组合，其中 p 是非负整数，α,β 和 ϕ 是实数.

证明 如定理 3.1 中的证明，可以断定最优族 Φ_{opt} 存在且是移动不变的，特别地，对任一 i，$u_i(z)$ 移动的结果 $u_i(z+a)$

一定属于同一族 Φ，故

$$u_i(z+a)=C_{i1}(a)u_1(z)+C_{i2}(a)u_2(z)+\cdots+C_{im}(a)u_m(z) \tag{3.17}$$

其中系数 C_{ij} 依赖于 a。下面证明 $C_{ij}(a)$ 是可微的，取 m 个不同的值 z_k，$1\leqslant k\leqslant m$，则可以得到关于 $C_{ij}(a)$ 的 m 阶线性方程组

$$u_i(z_k+a)=C_{i1}(a)u_1(z_k)+C_{i2}(a)u_2(z_k)+\cdots+C_{im}(a)u_m(z_k)\qquad k=1,\cdots,m \tag{3.18}$$

由 Cramer 法则可知，每个未知量可以表示为两个行列式的比值，并且这些行列式都是关于系数的多项式。方程组中的系数或者根本不依赖于 $a(u_i(z_k))$，或者光滑地依赖于 $a(u_i(z_k+a))$，因此这些多项式也是光滑函数，当然比值也是光滑函数。

对式(3.17)关于 a 取导数，然后令 $a=0$，则有

$$u_i'(z)=c_{i1}u_1(z)+c_{i2}u_2(z)+\cdots+c_{im}u_m(z) \tag{3.19}$$

其中 $c_{ij}=C_{ij}'(0)$。故函数 $u_i(z)$ 满足具有常系数的线性微分方程组，这个线性微分方程组的通解正是需要证明的表示类型。证毕。

在定理 3.3 中，令 $p=0,1$，$\alpha=\beta=0$，则得到线性函数；令 $p=\beta=0$，则得到指数函数等等。

定理 3.4 如果 m 维族 Φ 在某一最优准则意义下是最优的，且这个最优准则是决定性的和单位不变的，则 Φ 中每个函数 $u(z)$ 等于类型为 $(\ln z)^p z^\alpha \sin(\beta(\ln z)+\phi)$ 的函数的线性组合，其中 p 为非负整数，α,β 和 ϕ 是实数。

证明 同样地可以断定最优族 Φ_{opt} 存在且是单位不变的。故对每个 i，$u_i(z)$ 单位改变的结果 $u_i(cz)$ 一定属于同一族，即

$$u_i(cz)=C_{i1}(c)u_1(z)+C_{i2}(c)u_2(z)+\cdots+C_{im}(c)u_m(z) \tag{3.20}$$

其中系数 C_{ij} 依赖于 a。

比较式(3.20)与式(3.17)，可以看到二者几乎一样，唯一不同

的是这里用乘积代替了和式．下面把式(3.20)转化成式(3.17)的形式，令新变量 $Z = \ln z$，新函数 $U_i(Z) = u_i(\exp(Z))$，则对这些新函数有

$$U_i(Z + A) = \bar{C}_{i1}(A)U_1(Z) + \cdots + \bar{C}_{im}(A)U_m(Z) \quad (3.21)$$

由定理 3.3 知，$U_i(Z)$ 是类型为 $Z^p \exp(\alpha Z) \sin(\beta Z + \phi)$ 的函数的线性组合，将 $Z = \ln z$ 代入得到

$$u_i(z) = U_i(Z) = U_i(\ln z)$$

即 $u_i(z)$ 是函数 $(\ln z)^p \exp(\alpha \ln z) \sin(\beta \ln z + \phi)$ 的线性组合，又因为 $\exp(\alpha \ln z) = z^\alpha$，故得 u_i 所需证明的表示．定理证毕．

特别地，在定理 3.4 中取 $p = \beta = 0$，则得到幂比例函数，另外再假设 $\alpha = 0$ 或 $\alpha = 1$，则得到线性比例．

定理 3.5 如果一个 m 维族 Φ 在某一最优准则意义下是最优的，且这个最优准则是决定性的、移动和单位不变的，则 Φ 与所有阶不超过 $(m-1)$ 的多项式 $u(z) = a_0 + a_1 z + \cdots + a_{m-1} z^{m-1}$ 的集合相重合．

证明 由于最优准则既是移动不变的又是单位不变的，所以定理 3.3 和 3.4 均可以在这里适用，对每个函数 u_i，从移动不变和单位不变出发能得到两个不同的表示．如果 u_i 中包含对数项，它就不能是定理 3.3 中那种函数的线性组合，因为其中没有对数项，当包含对数的 sin 项时也是如此，所以只有当 $p = \beta = 0$时，函数 $(\ln z)^p z^\alpha \sin(\beta \ln z + \phi)$ 的线性组合才同时是函数 $z^{\bar{p}} \exp(\bar{\alpha} z) \sin(\bar{\beta} z + \bar{\phi})$ 的线性组合．在这种情况下，上面的表示就变为 z^α，从这两种表示相等可得 $\alpha = \bar{p}$，可是 $\bar{p}$ 必须是非负整数，从而 α 也是非负整数，故 $u_i(z)$ 等于 z^α(α 为非负整数）的线性组合，即每个函数 $u_i(z)$ 是一个多项式，因此最优族中的每个函数 u 是多项式的线性组合，当然其本身也是多项式．

现在来证最优族中每个函数都是阶不超过 $(m-1)$ 的多项式．假设 u 是 Φ 中任意的多项式，其阶为 p，则需要证明 $p \leqslant m-1$．

从 u 的阶为 p 可得 $u(z) = a_p z^p + \cdots + a_0$，其中 $a_p \neq 0$，

因为Φ是一个所有线性组合的集合，故对任何函数 $u(z)$，Φ 包含 $Cu(z)$，特别地取 $C=1/a_p$，从而Φ包含多项式 $g_p(z)=z^p+a_{p-1}z^{p-1}+\cdots$。

由于最优族关于移动是不变的且包含 $g_p(z)$，故对任意实数 $\theta>0$，Φ 也包含 $g_p(z+\theta)$。从Φ是所有线性组合的集合中可知，Φ是一个线性空间，从而它包含

$$\bar{g}_p(z)=g_p(z+\theta)-g_p(z) \tag{3.22}$$

将 $g_p(z)$ 的表达式代入得到

$$\bar{g}_p(z)=((z+\theta)^p-z^p)+a_{p-1}((z+\theta)^{p-1}-z^{p-1})+\cdots$$

其中的项 $(z+\theta)^k-z^k$ 可化为

$$z^k+k\theta z^{k-1}+\cdots-z^k=k\theta z^{k-1}+\text{低阶项}$$

因此 $\bar{g}_p(z)$ 中最高阶项为 $p\theta z^{p-1}$，

$$\bar{g}_p(z)=p\theta z^{p-1}+\text{低阶项}$$

两边同除以 $p\theta$，得

$$g_{p-1}(z)=z^{p-1}+b_{p-2}z^{p-2}+\cdots$$

且 $g_{p-1}(z)\in\Phi$。

从Φ包含首项为 z^p 的多项式 $g_p(z)=z^p+\cdots$ 得到Φ包含首项为 z^{p-1} 的多项式 $g_{p-1}(z)=z^{p-1}+\cdots$。那么由$\Phi$包含 $g_{p-1}(z)$ 同理可证Φ包含函数 $g_{p-2}(z)=z^{p-2}+\cdots$，依次类推，可得$\Phi$包含下面的函数

$$g_{p-3}(z)=z^{p-3}+\cdots,\cdots,g_1(z)=z+b_0,$$

$$g_0(z)=z^0=1$$

所以 $\{g_k(z)\}_{k=0}^{p}\subset\Phi$。

下面证明这些函数 $g_k(z)$ 是线性无关的。线性无关是指，如果线性组合 $C_0g_0(z)+C_1g_1(z)+\cdots+C_pg_p(z)$ 等于0，则所有的系数 C_i 都等于0，把上面 $g_k(z)$ 的表示代入到方程

$$C_0g_0(z)+C_1g_1(z)+\cdots+C_pg_p(z)=0 \tag{3.23}$$

得到

$$C_pz^p+\text{低阶项}=0$$

比较方程两边的系数可知 $C_p=0$，将 $C_p=0$ 代入到式 (3.23) 中，可得

$$C_0g_0(z)+C_1g_1(z)+\cdots+C_{p-1}g_{p-1}(z)=0 \quad (3.24)$$

同样可证 $C_{p-1}=0$，依次地有 $C_{p-2}=C_{p-3}=\cdots=C_1=C_0=0$，因此函数 $g_k(z)$ 是线性无关的.

全部的阶不超过 $(m-1)$ 的多项式构成一个 m 维线性空间，从上面的结果可知，Φ 是这个空间中的一个 m 维线性子空间，然而任意的 m 维线性空间仅有一个 m 维线性子空间，就是它本身，故 Φ 与所有的阶不超过 $(m-1)$ 的多项式的集合相重合. 定理证毕.

在定理 3.5 中，当 $m=2$ 时，最优的比例函数为线性函数 $u(z)=az+b$，因此这个结果说明了为什么线性比例如此有效. 此外，这个定理还表明，当线性比例达不到目的时，可以选用二次、三次及更高阶的多项式比例.

§3.4 解函数优化的并行遗传算法

3.4.1 遗传算法与并行计算机

遗传算法的研究从一开始就是基于并行处理，早在六十年代初期，Holland 就认识到了遗传算法的自然并行性及其并行处理的内在有效性. 目前，人们正不断地致力于把遗传算法应用到各种并行计算机上，下面介绍三种基本的并行实现方案.

(一) 同步主从式

遗传算法的主从式并行执行方案如图 3.14 所示，一个主过程协调 k 个从过程，主过程控制选择、杂交和变异的执行，从过程只执行对函数值的计算. 这是一种直接并行化方法，实现起来比较容易，然而它有两个主要缺点：一是如果函数值计算的时间之间有显著的差异，系统就会有相当长时间的等待；二是算法不是非常可靠，因为它依赖于主过程的状况，如果主过程不是向前演化，整个系统就会停止不前.

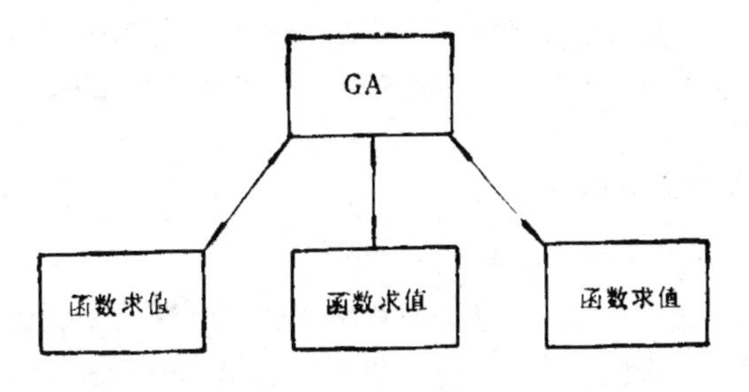

图 3.14　主从式遗传算法的图示

（二）异步同时式

遗传算法的异步同时式并行执行方案如图 3.15 所示，通过存取一个共享存储器，k 个同样的处理机彼此无关地执行遗传算子和函数值计算．这种方案不是那么容易实现，但大大提高了系统的可靠性．只要并行进程中有一个以及共享存储器的某部分在继续运行，整个系统就还在执行有用的处理．

（三）网络式

网络式遗传算法的并行执行方案如图 3.16 所示．在这种方案中，k 个无关的遗传算法分别在独立的存储器、独立的遗传操作及独立的函数值计算下运行，在运行过程中，各个子群体在每一代中发现的最好的个体通过通讯网络被传送到其它的子群体中

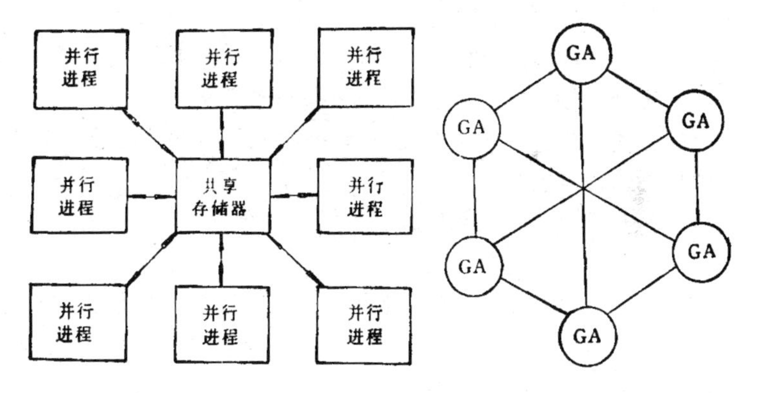

图 3.15　异步同时式遗传算法的图示　　图 3.16　网络式遗传算法的图示

去．由于有通讯时的间断，与其它方案相比连接带宽减小了．因为其独立过程的自治性，这种方案的可靠性是很高的．

3.4.2 并行搜索和最优化

考虑下面的优化问题：

给定函数 $F: X \longmapsto R$，其中X是某一度量空间，设S是X的一个子空间，在S中找一点x满足：在S上最优化F或至少产生一个在S上关于F的上确界的可接受近似．

解这个问题的最优化方法有许多种，这里只讨论并行最优化算法，它的特征是具有N条不同的搜索轨道，并且这些搜索是并行执行的，可以描述为

$$x_i^{t+1} = G_i(x_1^t, \cdots, x_N^t, F(x_1^t), \cdots, F(x_N^t)), i = 1, \cdots, N \tag{3.25}$$

映射 $G = (G_1, \cdots, G_N)$ 描述了并行搜索之间的相关或信息交换．如果N个搜索是彼此独立的，则有

$$x_i^{t+1} = G_i(x_i^t, F(x_i^t)), \quad i = 1, \cdots, N \tag{3.26}$$

一个二相关搜索可以描述为

$$x_i^{t+1} = G_i(x_{i-1}^t, x_i^t, F(x_{i-1}^t), F(x_i^t)), \quad i = 1, \cdots, N \tag{3.27}$$

关于并行搜索算法，存在下面一些基本问题：

(1) 时间复杂性为t的N并行搜索是否与时间复杂性为$N \cdot t$的单搜索一样有效；

(2) N相关搜索是否比N无关搜索更有效；

(3) 如何建立这种相关搜索．

为了回答这些问题，下面设计一种并行遗传算法（PGA）．

3.4.3 并行遗传算法的形式描述

通过采用空间群体结构和活动的个体，我们得到了一种完全异步的并行遗传算法，它可以形式地描述为

$$\mathrm{PGA} = (P^0, \lambda, \mu, \delta, \tau, \mathrm{GA}, \Lambda, t)$$

其中

P^0——初始群体；

λ——子群体数目；

μ——子群体中的个体数；

δ——子群体间的相邻连接数；

τ——孤立时间；

GA——应用到子群体上的遗传算法；

Λ——局部最优化算法；

$\iota:\{0,1\}^{\lambda}\mapsto\{0,1\}$——停止准则.

下面称遗传算法 GA 在一个子群体 P_i^0 上的应用为一个演化过程 $\text{GA}(P_i^k), i\in\{1,\cdots,\lambda\}, k=1,2,\cdots$.

每个子群体被映射到不同的处理机上，上面的定义包括特殊情形 $\mu=1$，即每个子群体仅包含 1 个个体．处理机之间采取的是一种类似于梯形的连接形式，如图 3.17 所示。

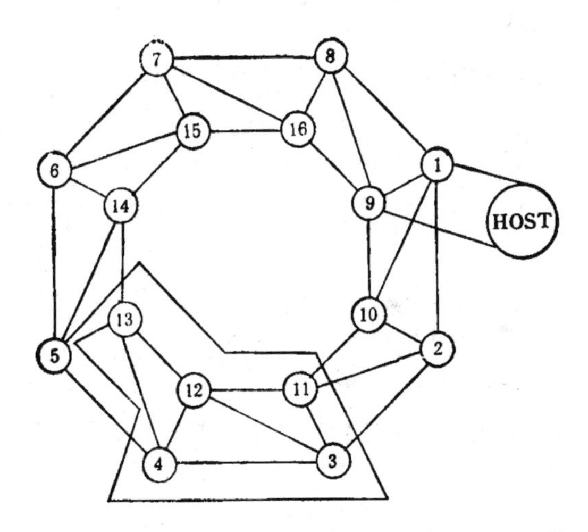

图 3.17　梯形群体的 16 节点形式．每个节点表示一个子群体 $P_i, i=1,\cdots,\lambda$

PGA 允许名个子群体独立演化一定的时间，这个孤立时间是由代数给出的。相邻群体间的移动发生在代 $\tau, 2\tau, 3\tau,\cdots$，这时把每个子群体中最好的个体传送到相邻的子群体中去.

停止准则 t 作用在一组由演化过程 $GA(P_i^k)$ 产生的停止信号上，当所有 λ 个停止信号都出现时，PGA 就被停止执行。

遗传算法（GA）可以形式地描述为

$$GA = (P^0, \mu, \Omega, \Gamma, \Delta, \Theta, l, \Lambda, t)$$

其中 P^0 为初始群体，μ 是群体规模，Ω 是选择算子，Γ 是交换算子，Δ 是变异算子，Θ 是重组算子，Λ 为局部爬山法，l 是判定何时转去爬山的准则，t 是停止信号，算子 Ω, Γ, Δ 和 Θ 都采用概率分布。

下面给出对遗传算法更具体的描述。考虑优化问题：

$$\min\{f(x) \mid x \in X\}$$

其中 $X \subseteq R^n, f: R^n \longmapsto R$, $X = \{x \in R^n \mid a_i \leqslant x_i \leqslant b_i, i = 1, \cdots, n\}, a_i < b_i, i = 1, \cdots, n$。这里 f 不必是凸的、可微的、连续的或单峰的。

（一）选择

选择算子按下面方式进行，在算法的每个阶段，按 $f(y_i^k)$ 增加的顺序对群体 $P^k = \{y_1^k, \cdots, y_\mu^k\}$ 中的个体进行排序。

首先选择具有奇下标的个体 $y_i^k, i = 1, 3, \cdots$，然后相应地选择与之配对的个体，其下标 i_S 是通过下面的非线性变换随机产生的：

$$i_S = \frac{\mu}{2(c-1)}\left(c - \sqrt{c^2 - 4(c-1) \cdot \mathrm{rnd}(0,1)}\right) \quad (3.28)$$

其中 c 为偏项参数，这里取 $c = 2.5$，$\mathrm{rnd}(0,1)$ 记为 $(0,1)$ 间一致分布的随机变量。每个交配对产生 2 个子代个体，因此仅需选择 $\mu/2$ 对。

上面的选择方法既偏向选择好的个体，又不致破坏群体的多样性。另外，在算法中还采用了最优选择，即把 P^k 中最好的个体保留到 P^{k+1} 中。

（二）变异、交换和重组

选择完成后，就把遗传算子 Δ，Γ 和 Θ 作用到两个被选择的个体 y'^k 和 y''^k 上。为了说明遗传算子的作用效果，首先来看个

体 y 的编码表示,它是由 n 个二进制串构成的,其中每个二进制串 g 采用的是计算机的浮点格式

S	EXP	FRAC

串 g 的值 p 为

$$p=(-1)^{S}\times 1.\mathrm{FRAC}\times 2^{\mathrm{EXP-BIAS}}$$

在单精度情况下,串 g 长为 32 位,其中 S 为 1 位, EXP 为 8 位, FRAC 为 23 位, BIAS 在十进制下等于 127.

PGA 的变异算子 Δ 的作用过程如下,对于个体 $y=(y_1,\cdots,y_n)$, 以概率 p_m 随机地改变每个分量 y_i 的编码表示中 FRAC 上的每一位,并且,如果搜索空间关于原点是对称的, 则也以概率 p_m 改变编码表示中的 S 位.

对于变异后的个体 $y'^k=(y_1'^k,\cdots,y_n'^k)$和 $y''^k=(y_1''^k,\cdots,y_n''^k)$, 交换算子 Γ 的作用过程如下, 首先在每对分量 $y_i'^k$ 和 $y_i''^k$ 的编码表示上随机地选取一位,然后把 $y_i'^k$ 中的这一位以概率 p_c 与 $y_i''^k$ 的对应位互换.

重组算子 Θ 以概率 p_r 交换 y'^k 和 y''^k 中每个对应的分量. 下面以二维向量为例说明遗传算子的作用过程:

父代串 1			父代串 2		
A	B		a	b	
1	0		1	0	
0	1		1	0	
1	0		1	1	
1	1		0	0	
1	1		0	1	
		↓			变异
1	0		1	0	
0	1		1	1	
1	0		1	1	
1	1		0	0	
0	1		0	1	

↓ 交换

1	0	1	0
0	1	1	1
1	0	1	1
0	1	1	0
0	1	0	1

↓ 重组

1	0	1	0
0	1	1	1
1	1	1	0
0	0	1	1
0	1	0	1
A	b	a	B

（三）局部爬山法

应用局部爬山法的主要目的是为了加快算法的搜索速度．在函数最优化问题中，计算一个新的样本点的函数值等价于爬山法中的一步，由于在搜索过程的早期还没有得到关于全局极小值的信息，所以此时应用爬山法是得不偿失的，故在 PGA 中，我们决定在算法的后阶段开始采用爬山法．

做出开始采用爬山法的决定是动态进行的，如果下面两个条件中有一个满足，那么就从这个子群体中选择一点作为爬山法的初始点：

$$f_1^k - f_1^{k-\Delta k_1} = 0$$

$$\|x_1^k - x_\mu^k\| \leqslant \eta\|b - a\|$$

f_i^k 是点 x_i^k 的目标函数值，$i \in \{1, \cdots, \mu\}$，其中下标 i 是按目标函数值从小到大排序得到的．

（四）停止准则

PGA 是一种完全分布式算法，在分布式算法中，停止问题是很难判定的，PGA 中的全局终止由主程序来决定．每个过程 GA(P_i^k) 设置一个停止信号，如果满足下面的判别准则，就把这个

停止信号送到主程序中去:

$$|f_i^k - f_i^{k-\Delta k_2}| \leqslant \varepsilon |f_i^k|$$

这个判别准则每隔 Δk_2 代检查一次。当主程序接到所有 λ 个停止信号,就停止执行 PGA。

3.4.4 性能评估

概率搜索算法的性能评估问题本身就很难,为了进行评估,至少需要性能度量和有代表性的测试函数。这里采用当达到最优点时函数值计算的平均次数及计算所需的时间作为性能度量,第一个值度量算法的"智能",第二个值度量算法的速度。

测试函数一般是启发式建立的,通常由许多基本函数的组合构成,这些基本函数的局部极小点是已知的。这里用到的八个测试函数包括由表 3.1 给出的五个函数 $F1$—$F5$ 以及下面三个函数:

$$F6: f_6(x) = nA + \sum_{i=1}^{n} [x_i^2 - A\cos(2\pi x_i)],$$
$$-5.12 \leqslant x_i \leqslant 5.12$$

$$F7: f_7(x) = -\sum_{i=1}^{n} x_i \sin(\sqrt{|x_i|}), \quad -500 \leqslant x_i \leqslant 500$$

$$F8: f_8(x) = \sum_{i=1}^{n} x_i^2/4000 - \prod_{i=1}^{n} \cos(x_i/\sqrt{i}) + 1,$$
$$-600 \leqslant x_i \leqslant 600$$

函数最优化问题的复杂性依赖于:

(1) 局部极小点的数目;

(2) 局部极小点的分布;

(3) 局部极小点的函数值的分布;

(4) 局部极小点的吸引域。

函数 $F1$—$F5$ 是由 De Jong 提出的,已成为测试遗传算法的标准函数,它们中有不连续函数($F3$)、非凸函数($F2$)、多峰函数($F5$)和随机函数($F4$)。

$F6$ 是极多峰函数,局部极小点落在大小为 1 的矩形网格上,全局极小点为 $x_i = 0, i = 1, \cdots, n$, 此时 $f = 0$; 次最佳极小点是在这样的网格点上,其中除一个坐标为 $x_i = 1$ 外,其余所有的坐标均为 $x_i = 0$, 此时 $f = 1$; 随着到全局极小点距离的增加,局部极小点的目标函数值逐渐变大。

函数 $F7$ 的全局极小点在 $x_i = 420.9687, i = 1, \cdots, n$, 局部极小点落在下面的点上,在坐标轴的正方向上, $x_k \approx (\pi(0.5 + k))^2, k = 0, 2, 4, 6$, 在坐标轴的负方向上, $x_k \approx -(\pi(0.5 + k))^2$, $k = 1, 3, 5$. 点 $x_i = 420.9687$, $i = 1, \cdots, n$, $i \neq j$, $x_j = -302.5232$, 给出了次最优极小值,它远离全局极小点,因此对一般的搜索算法而言,极易陷在错误区域中。

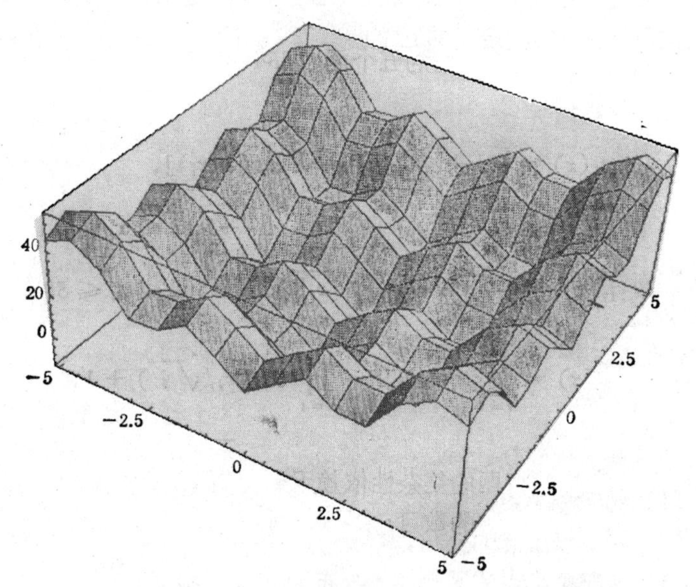

图 3.18 函数 $4 + x^2 + y^2 - 8\cos(2\pi x) - 8\cos(2\pi y)$ 的图形

函数 $F8$ 的全局极小点在 $x_i = 0, i = 1, \cdots, n$, 全局极小值为 $f = 0$; 局部极小点近似落在 $x_k \approx \pm k \cdot \pi\sqrt{i}, i = 1, \cdots, n, k = 0, 1, 2, \cdots$. 在 10 维情况下,有 4 个次最优极小点 $x \approx$

$(\pm\pi, \pm\pi\sqrt{2}, 0, \cdots, 0)$，其函数值为 $f \approx 0.0074$.

图 3.18 显示了在二维情况下函数 $F6$ 经过平移之后的图形. 图 3.19 显示了相应的等高线图，其中点的颜色越深，其值越小.

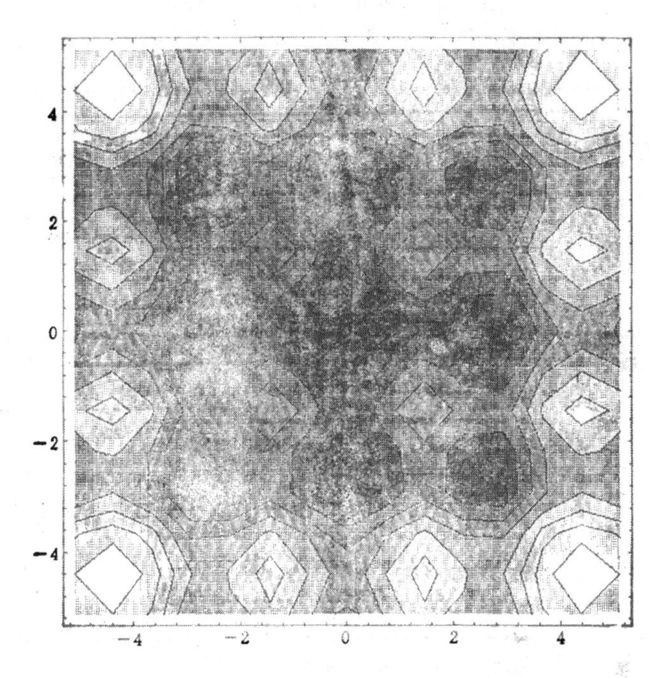

图 3.19　函数 $4 + x^2 + y^2 - 8\cos 2\pi x - 8\cos 2\pi y$ 的等高线图，颜色越深，其值越小

3.4.5　数值结果

PGA 中有许多内部控制参数，一般对一个特定的函数并不需要调整所有这些参数，下面的数值试验采用的都是同一组参数，见表 3.2，这也证实了 PGA 的稳健性.

数值结果由表 3.3 ($\lambda = 4$, $\mu = 20$) 和表 3.4 ($\lambda = 8$, $\mu = 20$) 给出. 表中平均值是基于 50 次运行的结果，在所有运行中找到的全局极小值至少满足三位数字精度；一次运行的时间是指在主机上从开始计算至最小函数值到达主机之间的时间. 表中所给

表 3.2 控制参数集

子群体数 $\lambda = 4,8$
每个子群体中个体数 $\mu = 20$
孤立时间 $\tau = \mu/2$
变异概率 $p_m = 1/n(= 3/n$, 对 $F8)$
交换概率 $p_c = 0.65$
重组概率 $p_r = 0.5$

出的函数值计算数并不十分精确，这是由前面提到的停止问题所引起的,如果最小函数值到达主机,主机就送一个停止命令到所有的处理机上，在停止前这些处理机仍把执行的函数值计算数送到主机,主机把这些数加起来得到最后的结果。

表 3.3 $\lambda = 4$ 的结果

函数	n	平均值	
		函数值计算数	时间
$F1$	3	1170	1.44
$F2$	2	1235	1.48
$F3$	5	3481	3.44
$F4$	30	3194	12.08
$F5$	2	1256	3.33

注: $F5$ 的全局极小值在 50 次运行中有 3 次没找到.

为了比较在不同计算机上的结果，这里计算时间采用的是标准时间单位,某种计算机的标准时间单位是指计算 1000 次Shekel 函数在点(4,4,4,4)的函数值所需的时间。本节的数值试验是在 MEGAFRAME Hyper Cluster 计算机上执行的,这是一台可扩充到 64 个处理机的并行计算机，其中每个处理机的时间单位是 1.7640。

3.4.6 超线性加速比

PGA 在并行计算机上的加速比是很难测定的。首先,因为算

表 3.4 $\lambda=8$ 的结果

函数	n	平均值	
		函数值计算数	时间
$F1$	3	1526	1.57
$F2$	2	1671	1.68
$F3$	5	3634	3.43
$F4$	30	5243	9.92
$F5$	2	2076	2.79
$F6$	20	9900	9.41
$F7$	10	8699	6.61
$F8$	10	59520	16.84

注: $F7$ 的全局极小值在 50 次运行中有 4 次没找到;
对 $F8$, $\lambda=16$, $\mu=40$, $p_m=0.3$.

法的概率特性,每一次运行的结果是不同的;其次,不同数目的处理机需要不同的参数 λ,这会改变搜索策略.

从表 3.3 和 3.4 中的数据可以看到, PGA 只就函数 $F4$ 和 $F5$ 而言有小的加速比,而对 $F1$ 和 $F2$ 来说,在 4 个处理机上的计算比在 8 个处理机上的还快,后面这种情形对小规模问题是典型的. 只有当搜索空间大且复杂,并行搜索才能发挥威力,下面转向大规模问题.

因为函数 $F7$ 中次最优点远离最优点,所以具有子群体的 PGA 似乎有望得到高的加速比,表 3.5 给出了结果.

表 3.5 超线性加速比 ($F7$, $n=30$)

λ	μ	平均值	
		函数值计算数	时间
4	80	50720	84.6
8	40	37573	32.3
16	20	39773	17.2

在表 3.5 中，当处理机数从 4 增加到 8 个时，可以观察到超线性加速比，加速比为 2.6，这是由于用 8 个处理机确定全局极小值所需的函数值计算数比用 4 个处理机的要少。

PGA 是个异步并行算法，因此非常适合于在并行计算机上应用。为了证实这一点，下面把 PGA 应用到 64 个处理机上来解更大规模的问题，结果见表 3.6，平均值是基于 5 次运行的结果。

表 3.6

函数	n	λ	μ	平均值	
				函数值计算数	时间
*F*6	50	8	20	42753	57.40
	100	16	20	109072	129.69
	200	32	40	390768	404.26
	400	64	40	7964400	4849.458
*F*7	50	32	20	119316	34.96
	100	64	20	1262228	213.93
	150	64	40	7041440	1635.56

3.4.7 PGA 与一般最优化方法

迄今为止，还不存在唯一最好的搜索方法，解全局最优化的大部分搜索方法是在已有的信息下利用启发式搜索来产生尽可能好的样本点。PGA 的搜索策略可以解释如下。

λ 个随机子群体一致分布在可行集内，每个子群体包含 μ 个点。在每个子群体内，另外的点通过重组来检测，这些点是从由 μ 个样本点定义的 n 维网格上随机得出的。选择把采样点集中在有希望的区域，因此网格的大小，即被检测的区域，会越来越小。如果点之间太靠近了，就进行局部爬山搜索，故每个子群体最后都会找到一个或多个局部极小点。

通过迁移到相邻子群体，适应性好的点的信息被传播出去。在算法的最后阶段，由已找到的局部极小点定义的网格也通过重组进行检测，这就是为什么子群体在 PGA 中如此重要的原因，子群体并不必收敛到全局极小点，这可以在后来通过重组得到。

把 PGA 启发式搜索与更一般的最优化技术进行比较可以发现，非常类似的搜索被用在聚类算法中。为了把点聚集在极小点周围，聚类算法采取了两个策略：第一是设法在一些最有希望的局部极小点周围形成同类簇；第二是设法在所有局部极小点周围产生同类簇。在两种情况下，都用到聚类分析以防止对已知局部极小点的再确定。

第二个策略不能用于解大规模最优化问题，例如函数 $F6$，它有 n^{11} 个局部极小，其中 n 是维数，对这样的问题，我们不得不利用各种策略把点集中在最有希望的区域中。在一般最优化技术中，常采用以下几个策略：

(1) 保持最好点的一个预指定部分；

(2) 通过若干步局部搜索替代已知的点；

(3) 用区域中任何处更好的点替代最差的点；

(4) 先采取(1)，再应用(2)；

(5) 先采取(2)，再应用(1)。

它们除了在应用聚类分析以阻止对已知局部极小点的再确定上与 PGA 有不同之外，与 PGA 中用到的策略的相似性是显而易见的。

§3.5 混合遗传算法

在遗传算法的研究中，主要目标之一就是使设计的算法是稳健的，即广泛适用于多种问题。前面讲述的遗传算法就具有这个性质，算法中的二进制表示法几乎可以对任何问题进行编码，并且遗传算子不包含关于搜索区域的任何知识。

尽管传统的遗传算法是稳健的，但是就任何一个特殊领域而言，遗传算法一般不是最成功的最优化算法，它们往往比不上专门处理该领域问题的算法，我们称后者为原有算法。那么怎样才能使遗传算法在实际中得到应用呢？一个有效的途径就是采取混合的策略,即把遗传算法与原有算法有效地结合起来,设计一个新的混合算法，在性能上超过遗传算法和原有算法．本节的目的就是介绍混合的原则和途径．

3.5.1 混合的原则

设计混合遗传算法有以下三条指导性原则．

（一）采用原有算法的编码

在混合算法中采用原有算法中的编码技术，这个原则有两个好处：第一，保证了包含在原编码中的有关知识将保持下来；第二,保证了混合遗传算法对实际应用人员感觉更自然．

（二）吸收原有算法的优点

把原有算法中确有助益的优化技术结合到混合遗传算法中，这可以通过以下途径来实现．

(1) 如果原有算法是个快速算法，那么就把它产生的解添加到混合遗传算法的初始群体中．通过这种方式，具有最优选择的混合遗传算法得到的解至少不会比原有算法的差,一般地,把原有算法的解彼此杂交或与其它的解杂交都将得到改进的解．

(2) 把原有算法中的一系列变换结合到混合遗传算法中可能会非常有用,例如,在下一节中将要讨论的退火演化算法就是把模拟退火算法中的退火过程与群体的演化结合而构成的．

(3) 适应值的计算往往是个相当耗时的过程，如果原有算法擅长于解释它的编码，那么就把这种译码技术应用到混合算法中以节省计算时间．

（三）改造遗传算子

混合遗传算法既要吸取原有算法的长处，也要保持遗传算法的优点．注意到,一旦采用了原有算法的编码,就不能再使用那种作用在串上的遗传算子，必需通过类推建立适合新的编码形式的杂交和变异算子．下面给出几个修改的杂交和变异算子例子．

3.5.2 修改的遗传算子

二进制位串编码是遗传算法中常见的编码技术，比起其它的编码,位串具有以下几个优点：它们容易产生和操作;它们在理论上容易处理,例如,模式定理就是针对二进制位串证明的；几乎任何问题都可以用二进制位串编码,所以在稳健的参数设置下,具有一点杂交和简单的变异算子的遗传算法可以不用修改地应用到很广泛的问题上．然而,在应用混合技术时,第一个原则意味着二进制编码不大可能使用在混合算法中．下面考虑在遗传算法中采用浮点数表示方法．

在浮点表示中，每个个体用与解向量同样长的浮点数向量进行编码,个体中每个分量最开始要在规定的区域内进行选取,并且遗传算子在设计上要满足这个约束．

浮点数表示法的精度依赖于计算机，但一般来说比二进制表示高得多,虽然可以通过采用更多的位来提高二进制表示的精度，但是会使算法慢得多．此外,浮点表示能够表示非常大的区域,而在二进制串长度一定的情况下，区域规模的增大会导致二进制表示的精度下降．

下面针对浮点数表示法给出新的遗传算子，其中的非一致算子是指其作用随着群体的演化而改变．

（一）修改的变异算子

（1）一致变异算子

这个算子类似于简单的变异算子,如果个体为 $x_i^t=(v_1,\cdots,v_n)$，则每个分量 v_k 以完全相同的概率进行变异，一次变异后的结果为 $(v_1,\cdots,v_k',\cdots,v_n),1\leqslant k\leqslant n$，其中 v_k' 是第 k 个参变量定义域中的一个随机值．

（2）非一致变异算子

这个算子定义如下：如果个体为 $x_i^t=(v_1,\cdots,v_n)$，则每个分量 v_k 以完全相同的概率进行变异，一次变异后的结果为 $(v_1,\cdots,v_k',\cdots,v_n)$，$1\leqslant k\leqslant n$，$v_k'$ 的值按下面随机的方式决定

$$v_k' = \begin{cases} v_k + \Delta(t, \mathrm{UB} - v_k), & \text{如果随机数为 } 0 \\ v_k - \Delta(t, v_k - \mathrm{LB}), & \text{如果随机数为 } 1 \end{cases}$$

其中 LB 和 UB 分别为第 k 个参变量定义域的左、右边界，函数 $\Delta(t,y)$ 返回 $[0,y]$ 上的一个值并使这个值随着代数 t 的增大而接近于 0. 这样选取的函数允许这个算子在算法的开始阶段（t 较小时）一致地搜索整个搜索空间，而在算法的后阶段进行局部搜索，$\Delta(t, y)$ 可以取为

$$\Delta(t,y) = y \cdot [1 - r^{(1-t/T)^b}]$$

其中 r 是$[0,1]$上的随机数，T 是遗传算法中设置的最大代数，b 是决定非一致程度的参数.

（二）修改的杂交算子

把个体编码为浮点表示的向量并不排除一点或多点杂交，因为这些杂交算子并不依赖于二进制表示，只要求作用的对象是某种列表示，所以它们同样可以用在浮点表示的个体上，但杂交位置只允许选在各个分量之间处.

除了串形式的杂交算子外，还可以设计具有数值特点的杂交算子，例如可以定义为求两个向量的线性组合，如果个体 s_v^t 和 s_w^t 杂交，则产生的子代个体为 $s_v^{t+1} = a \cdot s_w^t + (1 - a) \cdot s_v^t$ 和 $s_w^{t+1} = a \cdot s_v^t + (1 - a) \cdot s_w^t$. 当参数 a 取常数时，这个算子就是一致杂交算子；当参数 a 随着代数 t 变化时，这个算子就是非一致杂交算子. 除了象上面作用于整个向量上外，这个算子也可以只作用在从中挑选出的分量上.

§ 3.6 退火演化算法

3.6.1 模拟退火算法概述

模拟退火算法是近年来特别引人注目的一种适用于解大型组合优化问题的技术，算法的核心在于模仿热力学中液体的冻结与结晶或金属熔液的冷却与退火过程. 在高温状态下，液体的分子彼此之间可以自由移动. 如果液体徐徐冷却，它的分子就会丧失

由于温度而引起的流动性．这时原子就会自己排列起来而形成一种纯晶体，它们依次地朝各个方向排列成几十亿倍于单个原子大小的距离，这个纯晶体状态就是该系统的最小能量状态．有趣的是：对一个徐徐冷却的系统，当这些原子在逐渐失去活力的同时，它们自己就同时地排列而形成一个纯晶体，使这个系统的能量达到其最小值．这里我们特别强调在这个物理系统的冷却过程中，这些原子是“同时地”把它们自己排列成一个纯晶体的．如果一种金属熔液是被快速冷却或泼水使其冷却的，则它不能达到纯晶体状态，而是变成一种多晶体或非晶体状态，系统处在这种状态时具有较高的能量．

模拟退火算法就是模仿上述物理系统徐徐退火过程的一种通用随机搜索技术，人们可用马尔柯夫链的遍历理论来给它以数学上的描述．在搜索最优解的过程中，模拟退火算法除了可以接受优化解外，还用一个随机接受准则（Metropolis 准则）有限度地接受恶化解，并且接受恶化解的概率慢慢趋向于 0，这使得算法有可能从局部最优中跳出，尽可能找到全局最优解，并保证了算法的收敛．

1983 年 Kirkpatrick 等人首次把固体的退火过程与组合极小化联系在一起，他们分别用目标函数和组合极小化问题的解替代物理系统的能量和状态，从而物理系统内粒子的扰动等价于组合极小化问题的试探．极小化过程就是：首先在一个高温（温度现在就成为一个控制参数）状态下有效地“溶化”解空间，然后慢慢地降低温度直到系统“结晶”到一个稳定解．

模拟退火算法在组合最优化中的成功应用促使不少学者开始研究它在解连续优化问题中的潜力（Dekkers 和 Aarts, 1991)．

考虑优化问题(3.1)，求函数 $f(x)$ 最小值点的模拟退火算法是从一个在定义域内随机产生的初始点 x_0 出发的迭代过程，在每一步，算法从当前点 x 产生下一个点 y，如果 $f(y) \leqslant f(x)$，则 y 被接受为当前点，否则 y 仅以概率 $\exp[-(f(y)-f(x))/c]$ 被接受．在进行足够多的上述过程后减小控制参数 c 的值（c 开始时取较大的值),如此反复,直至满足某个停止准则时算法终止.此时的当前点即为算法所得的近似解.

在应用模拟退火算法时,需要确定一组控制算法进程的参数,其中包括控制参数 c 的初始值、控制参数 c 的衰减函数、每个马尔柯夫链长度 L 和停止准则.解问题(3.1)的模拟退火算法可以描述为:

```
PROCEDURE SIMULATED ANNEALING;
  begin
    initialize  (c,x);
    termination-criterion: = false;
    while termination-criterion = false do
    begin
      for i: = 1 to L do
      begin
        generate y from x;
        if  f(y) - f(x) ≤ 0
        then x: = y
        elseif exp[-(f(y) - f(x))/c] > random[0, 1)
          then  x: = y
      end
      lower c;
    end
  end
```

3.6.2 退火演化算法用于求解连续优化问题

为避免落入局部最优,模拟退火算法采用 Metropolis 接受准则,最终渐近收敛于全局最优解.然而,在每一个冷却步,为使状态达到平衡分布将是一个非常耗时的过程.特别地,模拟退火算法对构形空间中已经试探的区域所知不多,并且难以判断哪些区域有更多的机会找到最优解.

为了指导搜索过程，模拟退火算法应当从过去搜索的结果中得到关于整个搜索空间的一些信息，这可以通过采用演化策略来实现．基于群体和选择的思想，本节给出了一种退火演化算法来求解连续变量的多峰函数，不是象模拟退火算法那样采取单点迭代,退火演化算法是通过变异和选择不断改善一个解的群体．

求函数 $f(x)$ 最小值的退火演化算法可以陈述如下：算法首先从一个包含N个点的初始群体出发,在每个控制参数 c 下,群体中每个点都产生L个新解,这些新解根据 Metropolis 准则被接受或舍弃；经过一个冷却步后，群体由原来的规模增加到至多包含 $N\cdot(L+1)$ 个点，按照与这些点的适应值成比例的概率从中选择N个点作为生存集;如果最好的点不在生存集中,则从生存集N个点中随机地舍弃一个点,然后把最好的点加入其中;算法再在一个降低的控制参数下重复以上过程．整个算法可以描述为：

```
PROCEDURE ANNEALING EVOLUTION;
  begin
    k: = 0;
    initialize  (c,P(k));
    evaluate  P(k);
    termination-criterion: = false;
    while termination-criterion = false do
    begin
      k: = k + 1;
      select  P(k)  from  P(k - 1);
      for  i: = 1toL  do
      begin
        for  j: = 1  to N do
        begin
          generate y_j from x_j;
          if f(y_j) - f(x_j) ≤ 0
          then x_j: = y_j
```

```
        else if  exp[-(f(y_i) - f(x_i))/c] > random[0,1)
            then  x_i: = y_i
      end
    end
    lower c;
    evaluate  P(k);
  end
end
```

在上面的算法中，从一个给定点产生新解的方法为：如果当前点为 $x=(x_1,\cdots,x_n)$，先从 1 到 n 这 n 个下标中随机地选择 M 个下标，$1\leqslant M\leqslant n$，设包含这 M 个下标的集合为 E，则新点 $y=(y_1,\cdots,y_n)$ 按下面方式产生：

如果 $i\bar{\in}E$，则

$$y_i=x_i$$

如果 $i\in E$，则

$$y_i=\begin{cases}x_i+r\phi(k,\mathrm{UB}-x_i)，& \text{如果随机数为 } 0\\ x_i-r\phi(k,x_i-\mathrm{LB})，& \text{如果随机数为 } 1\end{cases}$$

其中 LB 和 UB 分别是第 i 个变量定义域的左、右边界，k 表示相继的冷却步，r 是[0,1]上的随机数．函数 $\phi(k,x)$ 返回 $(0,x)$ 上的一个值，并且这个值随着 k 的增加逐渐趋向于 0．这个性质使得搜索邻域能自动地被调整，并让算法在后阶段进行局部搜索．这里 ϕ 函数取为

$$\phi(k,x)=[1-e^{-\left(1-\frac{k}{K+1}\right)^{\lambda}}]x \tag{3.29}$$

其中 K 为总的冷却步数，λ 是下降参数．

3.6.3 比较结果及退火演化算法的并行策略

为了比较退火演化算法和其它随机算法之间的性能，这里采用一组典型的测试函数并把函数值计算数和运行时间作为评价标准．由于所有的方法都是在不同的计算机上执行的，所以统一采用前面介绍的标准时间单位．退火演化算法的数值试验是在

VAX8600 机上进行的.

必须指出的是，不同方法之间的比较并不完全公正合理. 方法的实施是由不同的人在不同的计算机上完成的，这总会在结果上造成一些差异；此外,不同的实施强调不同的方面,即在效率和可靠性之间寻求一种折衷方案，其中可靠性是指得到(近似)全局极小值的概率. 选择有效性会影响到可靠性,反之亦然.

测试函数包括前面给出的函数 $F6$--$F8$ 和下面的多峰函数:

$$F9: f(x)=[1+(x_1+x_2+1)^2(19-14x_1+3x_1^2-14x_2+6x_1x_2+3x_2^2)]\times[30+(2x_1-3x_2)^2(18-32x_1+12x_1^2+48x_2-36x_1x_2+27x_2^2)]$$

其中 $S=\{x\in R^2|-2\leqslant x_i\leqslant 2,\ i=1,2\}$. 全局极小点为 $x_{\min}=(0,-1)$，全局极小值 $f(x_{\min})=3$，共有 4 个局部极小点；

$$F10: f(x)=a(x_2-bx_1^2+cx_1-d)^2+e(1-f)\cos(x_1)+e$$

其中 $a=1$，$b=5.1/(4\pi^2)$，$c=5/\pi$，$d=6$，$e=10$，$f=1/(8\pi)$，$S=\{x\in R^2|-5\leqslant x_1\leqslant 10, 0\leqslant x_2\leqslant 15\}$. 全局极小点共有 3 个,分别在 $(-\pi,12.275)$、$(\pi,2.275)$ 和 $(3\pi,2.475)$，全局极小值 $f(x_{\min})=5/(4\pi)$，没有另外的极小点；

$$F11: f(x)=(\pi/n)\{k_1\sin^2(\pi y_1)+\sum_{i=1}^{n-1}(y_i-k_2)^2[1+k_1\sin^2(\pi y_{i+1})]+(y_n-k_2)^2\}$$

其中 $y_i=1+\frac{1}{4}(x_i+1), k_1=10, k_2=1, S=\{x\in R^3|-10\leqslant x_i\leqslant 10, i=1,2,3\}$. 全局极小点在$(-1,-1,-1)$, 全局极小值 $f=0$，函数 $F11$ 大约有 5^3 个局部极小点；

$$F12: f(x)=k_3\{\sin^2(\pi k_4x_1)+\sum_{i=1}^{n-1}(x_i-k_5)^2[1+k_6\sin^2(\pi k_4x_{i+1})]+(x_n-k_5)^2[1+k_6\sin^2(\pi k_7x_n)]\}$$

其中 $k_3=0.1, k_4=3, k_5=1, k_6=1, k_7=2$, $S=\{x|R^5|-5\leqslant$

$x_i \leqslant 5$, $i=1,\cdots,5\}$. 全局极小点在 $(1,1,1,1,1)$,全局极小值 $f=0$, 函数 $F12$ 大约有 15^5 个局部极小点.

退火演化算法的内部控制参数取为: 控制参数 c 的衰减因子 $\rho=0.9$, 马尔柯夫链的长度 $L=n$ $(=15$, 当 $n>15$ 时), 群体规模 $N=20$ $(=30$, 对函数 $F6$—$F8)$, 下降参数 $\lambda=4$.

表 3.7 给出了退火演化算法解函数 $F9$—$F12$ 的计算结果,并同模拟退火算法 (Dekkers and Aarts, 1991) 进行了比较,其中退火演化算法的函数值计算数和运行时间是四次运行的平均值. 可以看到,对于稍简单的函数 $F9$ 和 $F10$, 二者的性能几乎一样好, 但对于比较复杂的函数 $F11$ 和 $F12$, 退火演化算法的性能要好得多.

表 3.7

算法	模拟退火算法		退火演化算法	
函数	计算数	时间	计算数	时间
$F9$	563	0.9	460	1
$F10$	505	0.9	430	1.5
$F11$	2667	7	1360	3.25
$F12$	9018	33	2840	8.25

对于维数更高的函数 $F6$—$F8$, 模拟退火算法的收敛速度会变得很慢. 前面讲过的并行遗传算法在一台包含 64 个处理机的并行计算机上找到了 400 维函数 $F6$ 和 150 维函数 $F7$ 的全局极小值. 下面利用退火演化算法解规模更大的问题, 结果见表 3.8, 其中由退火演化算法找到的全局极小值的精度至少有 4 位. 比起并行遗传算法,退火演化算法所需的函数值计算数要少得多; 虽然并行遗传算法的运行时间在某些情况下比退火演化算法的少,但是前者是在一台并行计算机上的执行时间,而后者是在一台串行机上的执行时间. 由于退火演化算法内在的并行行, 使得它非常适合在并行计算机上应用,相应地,算法的运行时间也将显著

减少.

表 3.8

函数	维数	并行遗传算法		退火演化算法	
		计算数	时间	计算数	时间
F6	20	9900	9.41	3700	25.5
	200	390768	404.26	4600	307
	400	7964400	4849.458	5275	915
	500			6400	3182.5
F7	10	8699	6.61	4450	31.75
	100	1262228	213.93	4825	306.75
	150	7041440	1635.56	5500	531.5
	200			6175	800.75
F8	10	59520	16.84	6400	44.75

类似于并行遗传算法，下面给出并行退火演化算法（记为PAE）的形式描述：

$$\mathrm{PAE}=(P^0,\lambda,\mu,\delta,\tau,AE,t)$$

其中

P^0——初始群体；

λ——子群体数目；

μ——每个子群体中的点数；

δ——子群体间的相邻连接数；

τ——退火演化过程中的隔离时间；

AE——应用于每个子群体上的退火演化算法；

$t:\{0,1\}^\lambda\to\{0,1\}$——停止准则.

λ 个子群体可以在一台有 λ 个处理机的并行计算机上并行地执行,并且只需很少的通讯开销. PAE 允许每个子群体独立执行一段时间 τ 的退火演化过程. 隔离时间 τ 由冷却步数给出，在冷却步 $\tau,2\tau,3\tau,\cdots$，进行相邻群体间的迁移.

停止准则 t 作用在一组由退火演化过程 $\mathrm{AE}(P_i^k)$ 产生的停止信号上，$i\in\{1,\cdots,\lambda\},k=1,2,\cdots$. 如果主机接到所有 λ 个

停止信号,则停止算法的执行.

退火演化算法采用一个解的群体来替代单个点的迭代，大大减少了陷入局部极小的概率,并且可导致快速收敛到全局极小值.退火演化算法可以视为模拟退火算法的并行执行，从而使得它非常适合于在并行计算机上应用.

§3.7 约束最优化问题

迄今我们仅讨论了解无约束最优化问题的遗传算法，然而在许多实际问题中包含一个或多个约束条件. 本节讨论如何把约束条件结合到遗传算法中.

约束一般分为等式或不等式约束，由于等式约束可以包括到适应函数中，所以这里仅考虑不等式约束. 约束条件初看起来似乎并不造成什么特别的难题,假设仍按无约束问题那样求解,在搜索过程中计算由算法产生的参变量序列的目标函数值，并检查是否有约束被违反. 如果没有约束违反,则表明是可行解,就根据目标函数值为其指定一个适应值;否则的话,就是不可行解，因此没有适应值(适应值为 0). 除了许多实际问题是高度约束的之外,以上的过程实际上是行不通的，因为找到一个可行解几乎与找到最好的解是一样的难. 因而,通常需要从不可行解中得到一些信息,这可以通过引入惩罚函数来实现. 下面给出一个一般的方法来统一处理线性和非线性约束最优化问题.

考虑约束最小化问题

$$\min \quad g(x)$$

且使 $b_i(x) \geqslant 0$, $i = 1, 2, \cdots m$

将这个问题化成无约束的形式

$$\max \quad F(x)$$

其中 $F(x)$ 为适应函数,可以取为

$$F(x) = G(x) \cdot P(x)$$

$$G(x)=\begin{cases}\dfrac{K}{1+(1.1)^{\beta g}}, & 当\ g\geqslant 0\ 时\\ \dfrac{K}{1+(0.9)^{\beta g}}, & 当\ g<0\ 时\end{cases}$$

$$P(x)=\frac{1}{(1.1)^{\Phi(x)}}$$

$$\Phi(x)=\sum_{i=1}^{m}|b_i(x)|$$

K和β为常数．P是约束违反的惩罚函数，函数G度量解的质量，上面是对于最小化问题定义的，对于最大化问题，$F(x)$可以类似地定义，其中 $P(x)$ 不变，G取为

$$G(x)=\begin{cases}\dfrac{K}{1+(0.9)^{\beta g}}, & 当\ g\geqslant 0\ 时\\ \dfrac{K}{1+(1.1)^{\beta g}}, & 当\ g<0\ 时\end{cases}$$

下面给出几个数值例子，在试验中常数K和β的取值见表3.9。

表 3.9

最大化问题	最小化问题
$K=2$ $\beta=0.1$ 当$g\geqslant 0$时 $\beta=-1$ 当$g<0$时	$K=1$ $\beta=1$ 当$g\geqslant 0$时 $\beta=-1$ 当$g<0$时

例1 $\max\ x+y$

满足于

$$y+x-14\leqslant 0$$
$$y-8\leqslant 0$$
$$x^2+y^2-100\leqslant 0$$
$$x\geqslant 0,\ y\geqslant 0$$

数值试验中控制参数取为：群体规模 $N=100$，杂交概率

$p_c = 0.6$，变异概率 $p_m = 0.033$，代间隙 $G = 1.0$. 初始代的统计结果如下，最大适应值为 1.6276466532，平均适应值为 0.63575470011，最小适应值为 $9.7535594950 \times 10^{-9}$. 表 3.10 给出了代演化过程和累积统计结果，其中 x, y 和目标函数值是每代群体中最佳的. 可以看到全部三个解 (6.0, 8.0)、(8.0, 6.0) 和 (7.0, 7.0) 均已找到.

表 3.10

演化代	x	y	目标函数值	最大适应值	最小适应值	平均适应值
1	6.0	8.0	14.0	1.63	0.0	1.30
2	6.0	8.0	14.0	1.63	0.0	1.13
3	8.0	6.0	14.0	1.63	0.0	1.23
4	6.0	8.0	14.0	1.63	0.0	1.23
5	7.0	7.0	14.0	1.63	0.0	1.21
6	8.0	6.0	14.0	1.63	0.0	1.25
7	6.0	8.0	14.0	1.63	0.0	1.27
8	8.0	6.0	14.0	1.63	0.0	1.27
9	7.0	7.0	14.0	1.63	0.0	1.29
10	5.0	8.0	13.0	1.59	0.0	1.35
11	6.0	8.0	14.0	1.63	0.0	1.28
12	6.0	8.0	14.0	1.63	0.0	1.32
13	6.0	8.0	14.0	1.63	0.0	1.36
14	6.0	8.0	14.0	1.63	0.0	1.31
15	7.0	7.0	14.0	1.63	0.0	1.27
16	7.0	7.0	14.0	1.63	0.0	1.27
17	7.0	7.0	14.0	1.63	0.0	1.30
18	7.0	7.0	14.0	1.63	0.0	1.28
19	7.0	7.0	14.0	1.63	0.0	1.30
20	7.0	7.0	14.0	1.63	0.0	1.32

例 2

$$\max \quad 2x^2 + y$$

满足于

$$y + x - 14 \leqslant 0$$

$$y-8\leqslant 0$$
$$x^2+y^2-100\leqslant 0$$
$$x\geqslant 0,\ y\geqslant 0$$

数值试验中控制参数为：$N=50$，$p_c=0.6$，$p_m=0.033$，$G=1.0$。初始代的统计结果如下，最大适应值为1.5912432435，平均适应值为0.35446630666，最小适应值为$9.8600404663\times10^{-9}$。表3.11给出了代演化过程和累积统计结果，其中$x$,$y$和目标函数值是每代群体中最佳的.

表 3.11

代演化	x	y	目标函数值	最大适应值	最小适应值	平均适应值
1	9.0	0.0	162.0	1.6929	0.0000	1.08
2	9.0	1.0	163.0	1.6956	0.0023	1.13
3	9.0	4.0	166.0	1.7036	0.0000	1.15
4	9.0	4.0	166.0	1.7036	0.0002	1.22
5	9.0	4.0	166.0	1.7036	0.0010	1.24
6	9.0	4.0	166.0	1.7036	0.0000	1.12
7	9.0	4.0	166.0	1.7036	0.0000	1.19
8	9.0	4.0	166.0	1.7036	0.0000	1.22
9	9.0	4.0	166.0	1.7036	0.0000	1.13
10	9.0	4.0	166.0	1.7036	0.0000	1.32
11	9.0	4.0	166.0	1.7036	0.0002	1.30
12	9.0	4.0	166.0	1.7036	0.0002	1.22
13	9.0	4.0	166.0	1.7036	0.0003	1.37
14	9.0	4.0	166.0	1.7036	0.0000	1.29
15	10.0	0.0	200.0	1.7832	0.0000	1.39
16	10.0	0.0	200.0	1.7832	0.0000	1.34
17	10.0	0.0	200.0	1.7832	0.0001	1.33
18	10.0	0.0	200.0	1.7832	0.0000	1.34
19	10.0	0.0	200.0	1.7832	0.0004	1.34
20	10.0	0.0	200.0	1.7832	0.0000	1.33

例 3　min　$w-x-y-wy+wz+xy-xz$

满足于

$$8-w-2x\geqslant 0$$

$$12-4w-x\geqslant 0$$
$$12-3w-4x\geqslant 0$$
$$8-2y-z\geqslant 0$$
$$8-y-2z\geqslant 0$$
$$5-y-z\geqslant 0$$
$$w\geqslant 0,x\geqslant 0,y\geqslant 0,z\geqslant 0$$

数值试验中的控制参数同例 1，初始代的统计结果如下，最大适应值为0.065374980204，平均适应值为 $6.5494244493\times 10^{-4}$，最小适应值为 $1.5050121873\times 10^{-27}$。表 3.12 给出了代演化过 程和累积统计结果，其中 w,x,y,z 和目标函数值是每代群体中的最佳值。

表 3.12

代演化	w	x	y	z	目标函数值	最大适应值	最小适应值	平均适应值
1	2.0	2.0	1.0	4.0	− 1.0	0.40	0.0	0.06
2	2.0	2.0	1.0	0.0	− 1.0	0.43	0.0	0.10
3	0.0	2.0	1.0	4.0	− 9.0	0.66	0.0	0.16
4	0.0	2.0	0.0	4.0	−10.0	0.74	0.0	0.25
5	0.0	2.0	0.0	4.0	−10.0	0.74	0.0	0.30
6	0.0	2.0	0.0	4.0	−10.0	0.74	0.0	0.35
7	0.0	2.0	0.0	4.0	−10.0	0.74	0.0	0.40
8	0.0	2.0	0.0	4.0	−10.0	0.74	0.0	0.35
9	0.0	3.0	0.0	4.0	−15.0	0.83	0.0	0.41
10	0.0	2.0	0.0	4.0	−10.0	0.74	0.0	0.35
11	0.0	3.0	0.0	4.0	−15.0	0.83	0.0	0.37
12	0.0	3.0	0.0	4.0	−15.0	0.83	0.0	0.40
13	0.0	3.0	0.0	4.0	−15.0	0.83	0.0	0.40
14	0.0	3.0	0.0	4.0	−15.0	0.83	0.0	0.39
15	0.0	3.0	0.0	4.0	−15.0	0.83	0.0	0.43
16	0.0	3.0	0.0	4.0	−15.0	0.83	0.0	0.41
17	0.0	3.0	0.0	4.0	−15.0	0.83	0.0	0.42
18	0.0	3.0	0.0	4.0	−15.0	0.83	0.0	0.44
19	0.0	3.0	0.0	4.0	−15.0	0.83	0.0	0.42
20	0.0	3.0	0.0	4.0	−15.0	0.83	0.0	0.44

第四章　用遗传算法设计神经网络

§4.1　神经网络概述

识别图形、语音理解、语言翻译、驾驶汽车以及对花分类等问题对我们人类来说不费力就可以完成，而对目前的计算机而言则是不能解决或不善于解决的问题．经过50多年的不懈努力，计算机专家在构造能模仿人脑功能的计算机方面仅取得了初步的进展．

50年代初，就在第一台数字计算机投入运行之后不久，有一些象John von Neumann和Alan Turing这样富于幻想的人就着手思考构造能产生智能行为的机器．Turing提出了两个潜在的研究方向：一个是从研究生物系统开始，探究产生基本认知行为的最低级结构，然后构造模仿这样结构的机器，最后把这些低级结构组织在一起设计成更复杂的有能力完成智能任务的机器；另一个是从研究解决问题的方法开始，探究专家们处理他们任务的原则，然后构造具有在一定条件下应用这些原则的能力的机器．Turing更赞同走第二条道路．von Neumann曾提出了以简单神经元构成的自再生自动机网络结构，十分遗憾的是，他过早地去世了，未能把这些思想继续研究下去．

von Neumann的追随者们建立了神经计算领域．神经网络是由高度互连的基本计算单元组成的网络，它们之所以称为神经网络，并非因为它们是按动物的神经系统模型制作的，而是因为它们是动物神经系统的某种模仿．

神经网络可以把输入模式映射到输出模式，其中有多种执行方式：把相似的模式归类；重建一个存储模式；从一个输入模式联想得到另一个模式；产生一个表示组合问题的解的模式．

神经网络的研究是借鉴人脑的结构与工作原理以设计和建造具有一定智能的机器，在这个研究领域中关于模式匹配任务有三种主要观点：第一种观点认为认知行为最可能在结构类似某种生物系统的电路中出现，例如多层感知机；第二种观点认为，认知行为可以用非线性动态系统模拟，例如 Hopfield 网络；第三种观点认为，认知是联想记忆的结果，例如 Kanerva 提出的稀疏分布式记忆网络。

神经网络的组成部分是有向线和连接权，前者包含网络中内点上的计算单元，后者与网络的每个输入线和每个内连接线联系在一起。

在神经网络中，那些与指向网络内点的有向线相连接的外部点构成输入，那些与指向网络外部的有向线相连接的外部点构成输出。当一个信号通过每个非输出线时，它要与那条线上的连接权相乘。

神经网络中内点上常见的一种类型的计算单元是阈值单元。在阈值单元中，如果到达单元的加权输入的和超过某一阈值 T，则单元输出信号为 1，否则输出信号为 0，即神经网络中阈值单元 j 的输出信号 O_j 是 1，如果满足

$$O_j = \sum_{i=1}^{N} w_{ij} S_{ij} \geq T_j$$

否则为 0。在上面的式子中，到单元 j 的第 i 个输入信号记为 S_{ij}，到单元 j 的第 i 个连接权记为 w_{ij}，单元 j 的阈值记为 T_j。

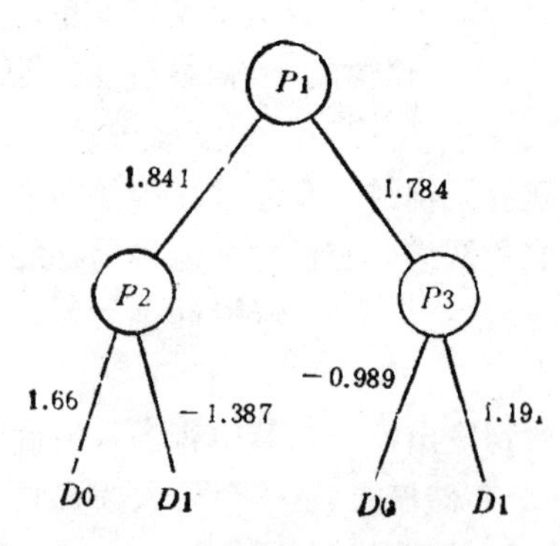

图 4.1 解异或问题的神经网络

图 4.1 给出了一个简单的神经网络，它执行关于输入 $D0$ 和 $D1$ 的异或函数，网络包括 3 个阈值单元 $P1$，$P2$ 和 $P3$ 及 6 个信号线，每个单元的阈

值均为 1.0，每个信号线都有一个连接权．外部输入 $D0$ 和 $D1$ 是二值信号，三个阈值单元的输出也是二值信号．

在图 4.1 中，二值输入信号 $D0$ 的加权值为 1.66，$D1$ 的加权值为 −1.387，这两个加权输入信号是到单元 $P2$ 的输入．因为输入信号 $D0$ 是 0 或 1，故到 $P2$ 的第一条输入线是 0 或 1.66．类似地，到 $P2$ 的第二条输入线是 0 或 −1.387，单元 $P2$ 把这两个加权输入相加，如果和大于阈值 1.0，则输出为 1，否则为 0．如果 $D0$ 和 $D1$ 都为 0，则输入的和为 0（小于阈值 1.0），故 $P2$ 输出 0；如果 $D0$ 和 $D1$ 分别为 1 和 0，则输入的和为 1.66，故 $P2$ 输出 1；如果 $D0$ 和 $D1$ 分别为 0 和 1，则输入的和为 −1.387，故 $P2$ 输出 0；如果 $D0$ 和 $D1$ 都为 1，则输入的和为 0.273，故 $P2$ 输出 0，总之，当且仅当到 $P2$ 的输入 $D0$ 和 $D1$ 分别为 1 和 0 时，$P2$ 输出为 1．同样可以推出，当且仅当到 $P3$ 的输入信号 $D0$ 和 $D1$ 分别为 0 和 1 时，$P3$ 的输出为 1．

单元 $P2$ 的输出加权值为 1.841，$P3$ 的输出加权值为 1.784，这两个加权输出信号是到单元 $P1$ 的输入．当且仅当 $P2$ 和 $P3$ 的输出信号中有一个或两个都为 1 时，到 $P1$ 的输入加权和才超过阈值 1.0，但是显然 $P2$ 和 $P3$ 的输出信号不可能同时为 1，从而可以得到，如果输入信号 $D0$ 和 $D1$ 中只有一个为 1 时，则 $P1$ 的输出为 1，否则 $P1$ 的输出为 0，即输出 $P1$ 是输入 $D0$ 和 $D1$ 的异或函数．

神经网络的结构确定了计算单元的组织形式和连接形式．关于组织形式，目前大多数研究的神经网络至少有三层计算单元，即要含有输入层、输出层和至少一个隐含层；关于连接形式，每个计算单元的输出可以与下一层的部分或全部计算单元相连．神经网络有前馈网络和反馈网络两种类型．

具有一定的学习能力是神经网络有智能的一种典型表现．神经网络的学习算法过程一般为，在训练阶段给神经网络提供训练样本，然后根据网络的实际输出与希望输出之间的偏差利用某种方法逐渐修改连接权．在一些学习算法中，计算单元的阈值也可以修改.

神经网络的学习算法有多种,其中反向传播法（Backpropagation）是目前最常用的方法.

神经网络的学习算法通常预先假定神经网络的结构已经确定,即预先假定计算单元的层数、每层的单元数目及单元之间的连接.

神经网络学习或训练的目的是正确执行某个任务. 这包含当网络遇到一个重复的训练样本时能够正确执行任务,更重要的是,要从训练样本中得到一般化的结果，以使当网络遇到先前未见过的输入样本时也能正确执行任务.

应用神经网络,需要完成以下的准备步骤,也就是要决定:

（1）网络的结构,例加层数和每层的计算单元数;

（2）网络的连接,例如,相邻层之间是完全还是部分连接，网络是否是递归的,是否允许反馈连接;

（3）使用的计算单元类型，例如线性阈值单元和S形函数阈值单元;

（4）学习算法,例如反向传播法;

（5）网络的输入;

（6）网络的输出;

（7）采用的训练样本;

（8）误差度量;

（9）控制运行的参数值,例如反向传播法的学习率;

（10）指定结果和停止运行的准则,例如学习的准则.

§4.2 感知机结构的设计

4.2.1 感知机模型及其学习算法

1943年，McCulloch 和 Pitts 在分析神经元基本特性的基础上首先提出了神经元的数学模型,他们指出正象由与门、或门和非门组成的 Boolean 电路一样，类似于神经元的计算单元的网络也具有通用计算能力．在此基础上，Rosenblatt 于50年代末提出了具有自学习能力的感知机．图4.2给出了 Rosenblatt 的 α-感知机,这是一种用作分类器的网络．α-感知机由输入层、连接层和输出层构成，连接层上的确定阈值单元对输入模式进行求和及阈值运算，连接层的输出传到由一个适应阈值单元构成的输出层上．最后的输出结果有+1和-1两种可能,因而可将输入模式划分为两类．α-感知机通过自适应方式进行学习，逐渐修改连接层与输出层之间的连接权,使网络能达到所要求的分类．

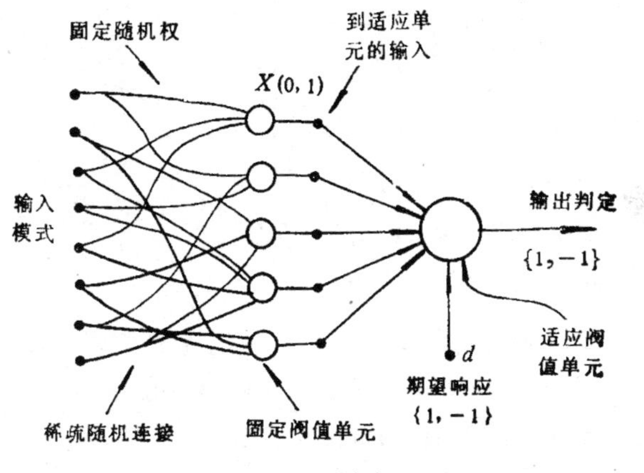

图 4.2 α-感知机

(1) 感知机学习算法

1960年，Rosenblatt 首次提出了感知机学习算法．算法通过利用预期输出值 d_k 与实际输出值 y_k 之间的差 ε_k 来修改连接权,其过程为:

$$\varepsilon_k = d_k - y_k \tag{4.1}$$

$$W_{k+1} = W_k + \alpha \frac{\varepsilon_k}{2} X_k \tag{4.2}$$

其中 α 是小于1的正数，k 是输入模式向量送入的离散时序编号，W_k 是连接权向量的当前值，X_k 是当前输入模式向量，W_{k+1} 是连接权向量的下一个值．图4.3描述了以上的学习过程．

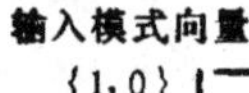

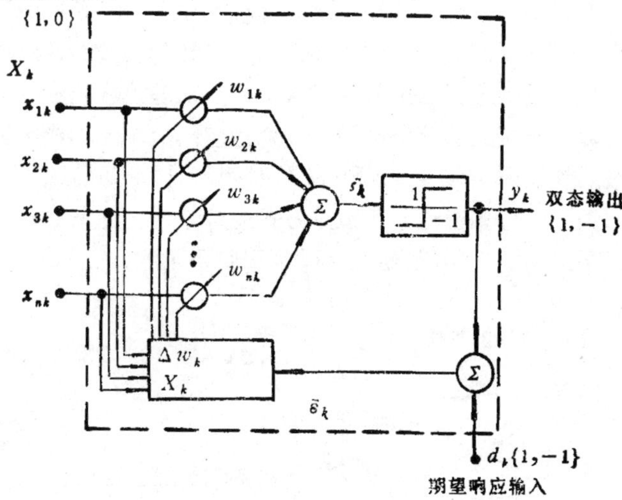

图 4.3 感知机的适应阈值单元

(2) 最小二乘 (LMS) 学习算法

1960 年，也就是在 Rosenblatt 提出感知机学习算法的同一年，Widrow 和 Hoff 提出了适应线性单元的 LMS 学习算法. 算法通过预期输出值 d_k 与线性输出值 $s_k = W_k^T X_k$ 之间的差 $\tilde{\varepsilon}_k$ 来修改连接权,其过程为:

$$\tilde{\varepsilon}_k = d_k - W_k^T X_k \tag{4.3}$$

$$W_{k+1} = W_k + \alpha \frac{\tilde{\varepsilon}_k X_k}{|X_k|^2} \tag{4.4}$$

其中 α 是小于 1 的正数.

在感知机学习算法中，如果输出结果 y_k 是正确的，即 $\varepsilon_k = 0$,则不修改连接权;而在 LMS 学习算法中,只要线性输出值 s_k 与预期输出值 d_k 不同，就要修改连接权以使线性差 ε_k 减小. 另外,感知机学习算法是非线性的,而 LMS 学习算法是线性的.

4.2.2 神经网络设计与遗传算法

多层感知机可以处理多种问题,例如手写体字符识别、过程控制和医疗诊断等. Kolmogorov 已经证明了多层感知机能够解决可以表示成从某个输入空间到某个输出空间的连续映射的任意问题.

尽管如此, Kolmogorov 定理只是个存在性定理,它没有给出关于如何构造网络的提示,但网络的构造是个非常重要的部分,至少从工程的角度来看是这样.

目前神经网络结构的设计主要是根据实验来实现, 这种启发式方法有两个主要缺点: 第一,可能的神经网络结构空间非常大,甚至对小型应用问题,其中的大部分结构也仍然没有探测; 第二,构成一个好的结构的因素密切依赖于应用, 既要考虑需要求解的问题,又要考虑对神经网络解的限制,但目前还没有一个好的技术或方法做到这一点.

由于以上的缘故, 在得到满意的结构之前需要经过大量的反复试验. 当前大多数应用采用简单的神经网络结构和保守的学习规则参数值,特别地,神经网络设计中的结构方面一直没有受到太多的重视.

在一组给定的性能准则下优化神经网络结构是个复杂的问题,其中有许多变量,包括离散的和连续的, 并且它们以复杂的方式相互作用. 对一个给定设计的评价本身也是带噪声的, 这是由于训练的效能依赖于具有随机性的初始条件. 总之, 神经网络设计对遗传算法而言是个逻辑应用问题.

遗传算法一般可以通过两种方式应用到神经网络设计中. 一种方式是利用遗传算法训练已知结构的网络, 优化网络的连接权; 另一种方式是利用遗传算法找出网络的规模、结构和学习参数.

用遗传算法研究神经网络的设计主要有两个目标. 第一个目标是开发神经网络的设计工具, 这种工具可以让设计者描述要求解的问题或问题类,然后自动搜索一个最优的网络设计;第二个目标是通过发现更多的依据来帮助建立神经网络设计的理论.

4.2.3 感知机的遗传表示

神经网络结构的表示是个重要的问题. 神经科学对生物神经网络表示的研究仅仅是初步的，还不能为我们研究人工神经网络提供明确的指导性原则. 当然，已有许多关于网络组织和操作的参数化方法,网络的参数包括层数、每层的单元数、可允许的反馈连接数、从一层到另一层的连接度、学习率以及误差等. 理想的神经网络表示应该能够揭示所有可能的有用网络，同时排除无意义的网络结构.

本节研究一种简化的三层感知机，如图 4.4 所示，它由输入层、逻辑单元和阈值单元构成. 假定输入模式是二进制变量,连接层上的每个逻辑单元对由这些变量及其补码组成的集合的某个子集求逻辑合取,当结果为真时,它的输出为+1,当结果为假时，输出为−1. 这些输出再与连接权相乘作为阈值单元的输入,连接权允许为任意实数，阈值单元对这些输入求和，如果和大于或等于0,则输出结果为 1,否则为 0.

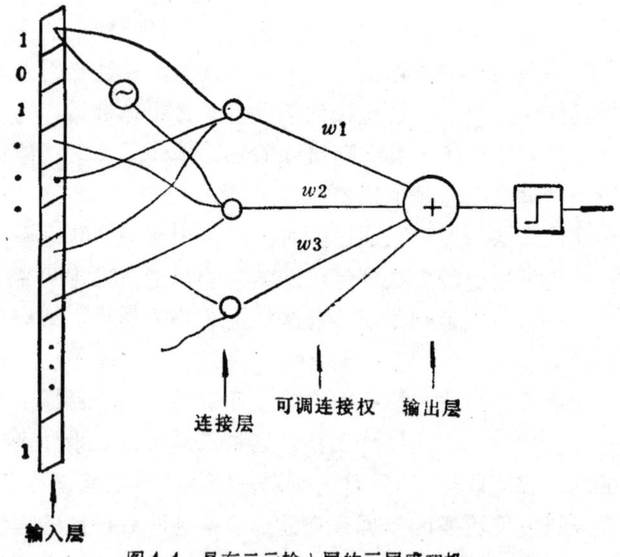

图 4.4 具有二元输入层的三层感知机

下面给出这种三层感知机的遗传表示形式。注意到所有这样的感知机都有相同的阈值单元，并且连接权对感知机而言不是固有的，而是在一定的问题环境中经过训练得到的，因此只有逻辑单元的数目和结构需要编码。

对一个特定的逻辑单元，可以用一个有序串来表示它与输入层的连接方式，其中用 1 代表它与对应的输入位相连，用 0 代表它与对应的输入位相连，但输入位要经过补运算，用#表示它与对应的位不相连.例如，如果总共有 6 个输入位，那么串 01#10# 表示的逻辑单元计算合取 $x_0'x_1x_3x_4'$，其中 x' 表示 x 的补元。在图 4.4 中，从上面数第二个逻辑单元的编码为 0##1###1#…#，这个逻辑单元计算 $x_0'x_3x_7$（从上到下读输入位，⊖表示取补）。整个感知机的编码可以通过把所有逻辑单元的编码按任意顺序连在一起得到。

4.2.4 演化过程

利用遗传算法搜索可能的神经网络结构空间的主要过程如下。首先是从一个随机产生的网络群体开始，每个网络结构由一个染色体串来表示；然后应用感知机学习算法或 LMS 学习算法训练网络，并度量群体中每个网络的适应值，适应值的定义可以考虑到学习速度、精度以及网络的规模和复杂性等代价因素；再应用遗传算子产生新的网络群体；以上的过程重复多代，直到找到满意的网络结构，基本的循环过程如图 4.5 所示。

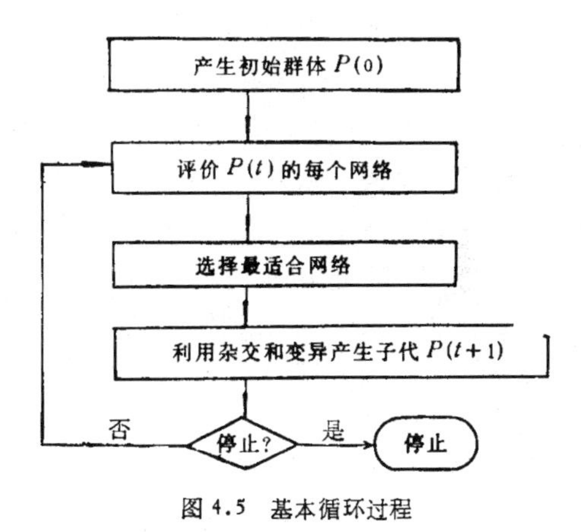

图 4.5 基本循环过程

设计感知机结构的遗传算法陈述如下：

(1) 产生初始群体 $P(0)$，群体中包括随机产生的N个确定长度串，每个串表示一个感知机结构；$t:=0$。

(2) $i:=1$。

(3) 把群体 $P(t)$ 中第 i 个串译码为感知机结构，并赋予连接权以初值，通常取为小的随机数。

(4) 对给定任务的 n 个随机试验应用学习算法训练感知机。

(5) 评价感知机的适应值。

(6) $i:=i+1$。

(7) 若 $i \leqslant N$，回到第 3 步；否则进入第 8 步。

(8) 根据适应值选择生存群体。

(9) 利用杂交和变异算子产生新一代群体 $P(t+1)$；$t:=t+1$。

(10) 若停止准则成立，则停止执行，否则回到第 2 步。

4.2.5 试验设计

选择六位 Boolean 函数作为感知机计算的任务，这个函数按析取范式可以写成

$$G_6 = x_0'x_1'x_2 + x_0'x_1x_3 + x_0x_1'x_4 + x_0x_1x_5$$

其中位 x_0 和 x_1 可以看作是地址，它们选择 x_2,x_3,x_4 和 x_5 中的一位作为函数值。六位 Boolean 函数具有高度非线性性，此外，它还可以一般化到更多位的 Boolean 函数，对于 k 位地址，则有 $(k+2^k)$ 位 Boolean 函数。

首先我们给出试验的最后结果，然后再来讨论为达到这个结果在试验中该采取哪些具体措施。图 4.6 绘制了群体的平均得分对总的染色体串评价数，这是三次试验的平均结果，其中每次试验从不同的初始群体开始。在试验中，群体的规模N取为 100，故在算法的每一代中需要对 100 个染色体串进行评价。每个染色体串的评价包括对这个串表示的感知机进行 n 次训练试验，这里 n 取 100。一个感知机的得分或性能定义为在最后 40 次训练中正确判定的百分率。从图中可以看到，大约算法执行到 40 代时，群体的

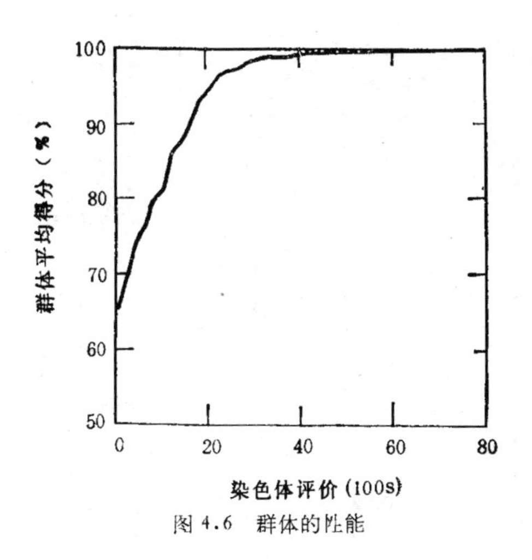

图 4.6　群体的性能

性能就接近 100%，这意味着基本上所有由 100 个染色体串表示的感知机一旦经过训练，就能正确计算六位 Boolean 函数。

除了考查群体的性能外，下面进一步分析由遗传算法设计的感知机的结构。从上面三次试验的最后结果中选择一个具有代表性的感知机，其中逻辑单元（左边一列）和连接权（右边一列）如图 4.7 所示。为了说明起见，把这个感知机中的逻辑单元分成两组，上面一组的逻辑单元正与 G_6 的析取范式项及其补相对应，下面一组包括染色体串中余下的逻辑单元。在每个逻辑单元的后面是其经过训练得到的连接权，比较上、下两组逻辑单元的连接权，可以发现上面一组的值要大得多，而下面一组逻辑单元看来是由遗传算法的随机属性产生的无用结果。忽略这些无用的逻辑单元以及上面一组中重复的逻辑单元，可以看到遗传算法找到了最有效的合理解。

现在具体讨论在试验中采取的改进措施：

（1）改进措施之一是把染色体串的长度设置为比所要求的更长一些，这有助于提高试验的最后结果。对应于函数 G_6 的析取范式项及其补，需要有八个逻辑单元，故包含 8 个逻辑单元的染色体串正好有足够的空间计算六位 Boolean 函数。但是，在试验中

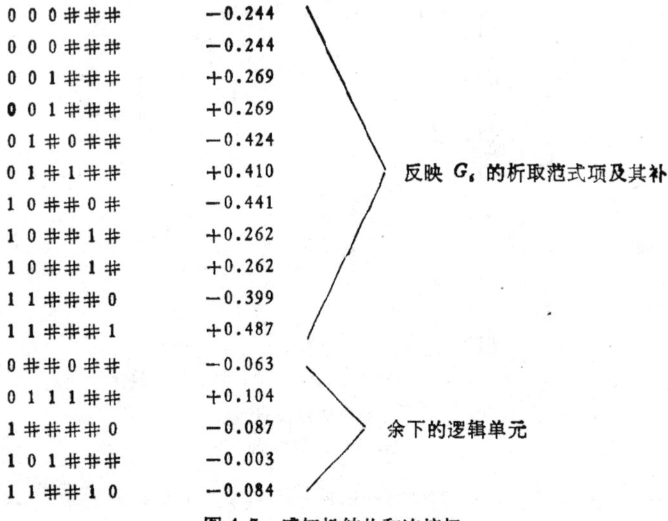

图 4.7 感知机结构和连接权

实际用到的每个染色体串的长度具有为 16 个逻辑单元编码的空间，这一点从图 4.7 中可以明显看到．当采用仅包含 8 个逻辑单元的染色体串时，由遗传算法设计的感知机性能一般比较差．当然，在任意问题环境中不可能预先知道染色体串究竟该是多长．一个有效的解决办法是利用可变长度的染色体串，让算法在执行中自适应地找到适当的长度．由于这要牵涉到构造特殊的遗传算子，这里就不再深入讨论了．

(2) 改进措施之二是采用约化杂交算子．为了说明约化杂交算子，让我们再来回顾一下模式的几何表示．考虑长度为 3 的染色体串，此时搜索空间可以表示为简单的立方体．设点 001，011，101 和 111 为立方体的正面，则这个平面也可以表示为模式 **1．每个模式对应于搜索空间中的一个超平面，与一个特定模式相匹配的所有位串都在它的超平面上．一般地，每个二进制串对应于一个 L 维超立方体的一个角，并且它属于 (2^L-1) 个不同的超平面，其中 L 是串的长度．例如，串 011 属于模式 0**，*1*，**1，01*，0*1，*11 和 ***．

把搜索空间表示成超立方体不仅是一种描述空间的方法，而且它与遗传搜索的理论基础密切相联系．当两个配对的串之间进行杂交时，实质上就是它们相互交换彼此所在的超平面的信息．例如，如果串 10101100 和串 11011110 进行杂交，则子代串一定属于超平面 1***11*0，搜索是在两个串-010--0-和-101--1-之间竞争地进行．这两个串是由配对的两个串分别去掉彼此相同的位得到的，称它们为配对串的约化串．为了保证产生的子代串不与它们的父代串重复，可以在约化串上考虑杂交运算，即杂交点不是在整个串上随机地选取，而是在约化串的第一个和最后一个确定位置之间随机地选取，把作用在约化串上的杂交算子称为约化杂交算子．约化杂交算子可以减少在群体中产生重复串的可能性，它尤其在算法演化过程的中间阶段起作用，从而能够更快地得到最终解．需要说明一点的是，在算法执行的开始阶段采用一般的随机杂交算子就能产生好的效果，此时约化杂交算子不起作用．

（3）改进措施之三是对适应值的度量进行修改．最初，适应值直接取为感知机的性能度量，即 100 次训练中最后 40 次的平均得分．让感知机学习一段时间后再对其进行评价，初看起来这十分合理，然而，在试验中发现，若把适应值取为整个训练阶段即全部 100 次训练中的平均得分，则算法能够得到更好的结果．具有占优势的逻辑单元的感知机可能学习得更快一些，从一开始就求平均有助于对它们进行探测．

（4）改进措施之四是采用最小二乘学习算法替代感知机学习算法，这个改进使感知机的最终性能从近似为 95% 提高到近似为 100%．

（5）改进措施之五是修改染色体串的编码．在试验中，染色体串不是直接用前面描述的三元字母表{1,0,#}来编码，而是采用二进制串，其中 11 代表 1,00 代表 0,01 和 10 代表#．二进制串编码的好处是能够把遗传算法处理的模式数增加到最大限度．

§4.3 前馈神经网络的设计

4.3.1 反向传播法

为了训练一个神经网络执行某个任务，必须按一定的方式调节每个单元的连接权，使得在期望输出和实际输出之间的误差减小。这个过程要求神经网络计算连接权的误差导数,换句话说,它必须计算当每个权微小地增加或减小时,误差是如何改变的。

Werbos 于 1974 年在他的博士论文中就提出了一种非常有效的计算连接权的误差导数的方法，它就是目前所用到的反向传播法,这个方法已经成为训练神经网络的最重要的工具之一。

反向传播法在它被发明后的许多年中都被人们忽视了，这可能因为它的作用在当时没有被充分认识到。在 80 年代早期，Rumelhart 和 Parker 又各自独立地重新发明了这个算法。1986 年，Rumelhart 等人出版了一本对神经网络发展起重大推动作用的书——Parallel Distributed Processing，从而使反向传播法得到推广。

反向传播法是一种作为有教师学习算法的典型代表，它的任务是训练前馈神经网络将输入向量映射到期望的输出向量。反向传播法修改输入与隐含单元、隐含单元与隐含单元以及隐含单元和输出之间的前馈连接,使得当输入向量送到输入层时,输出层的响应是期望的输出向量。在训练阶段，由期望的输出向量和输出层对一个输入向量的响应之间的差异所引起的误差在层与层之间反向传播,并适当地调整连接权使得最小化误差。

如图 4.8 所示的三层网络是非常典型的前馈网络。由于微分的链接规则,反向传播学习算法对任意$(M+1)$层网络都适用。用 V_i^m 表示第 m 层的第 i 个单元的输出，且取通常由下面的 S 形函数产生的模拟值

$$f(x)=\frac{1}{1+e^{-x}} \tag{4.5}$$

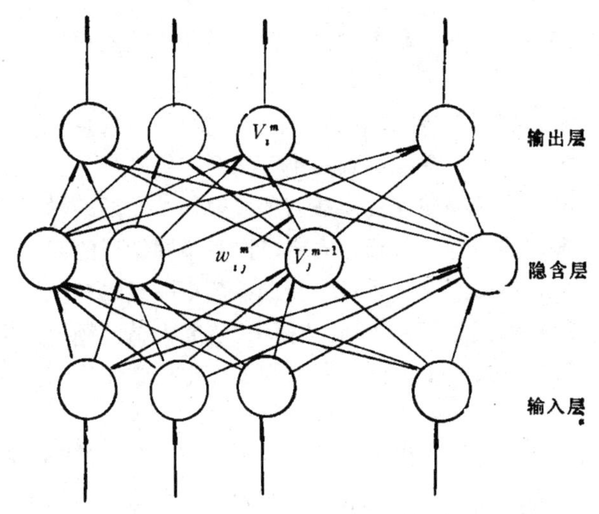

图 4.8　三层前馈神经网络的示意图

反向传播法的主要步骤如下:

(1) 置所有的连接权和阈值为小的随机数;

(2) 给定一个输入向量 I 和一个期望的输出向量 O，将 I 送到输入层 ($m=0$)，取 $V^0=I$;

(3) 对于其它层,即 $m=1,\cdots,M$，执行前向计算

$$V_i^m=f\left(\sum_j w_{ij}^m V_j^{m-1}-\xi_i^m\right) \tag{4.6}$$

其中 w_{ij}^m 表示从 V_j^{m-1} 到 V_i^m 的连接权，ξ_i^m 表示第 m 层的第 i 个单元的阈值;

(4) 计算输出层的误差

$$\delta_i^M=V_i^M(1-V_i^M)(O_i-V_i^M) \tag{4.7}$$

(5) 计算前面层 ($m=M,\cdots,2$) 反向传播的误差

$$\delta_i^{m-1}=V_i^{m-1}(1-V_i^{m-1})\sum_j w_{ji}^m\delta_j^m \tag{4.8}$$

(6) 调节所有的连接权和阈值

$$w_{ij}^m(t+1)=w_{ij}^m(t)+\eta\delta_i^m V_j^{m-1}+\alpha[w_{ij}^m(t)-w_{ij}^m(t-1)] \tag{4.9}$$

其中η是学习率，α是动量项. 阈值按类似于连接权的方式调整.

(7) 转回到第2步,重复执行以上各步,一直到总误差，即对所有训练模式的均方差减小到一个可接受水平.

反向传播法已经被证实为是一种有效的神经网络学习算法，它已被用到训练前馈多层网络去完成许多不同领域的问题. 当输入和输出之间是非线性关系时以及训练数据充足的情况下，反向传播法非常有用.通过利用反向传播法,研究人员已经研制出了识别手写体数字、预测货币兑换率以及最大化化学作用产量的神经网络.

然而在反向传播法中也还存在一些问题. 第一个是速度问题，这里关键的问题是当网络规模变大时，学习需要的时间如何增加. 因为计算量同连接权的数目成比例，所以对一个给定训练模式计算连接权的误差导数所花的时间与网络的规模成比例. 但是,规模越大的网络需要更多的训练模式,并且它们必须对连接权进行更多次的修正. 因此,比起网络规模的增加,学习时间的增长要快得多.

另一个问题是，并非所有利用反向传播法训练的网络都能期望成功地学习一个给定任务. 例如，某些网络结构产生一种称为"过学习"的现象,其中网络学习的是训练模式的确切特征,而不是它们的一般特征,以致当网络再碰到出自同样类型的新的模式时,执行效果很差,这一点已被广泛认识到. 总的来讲,我们不知道如何设计一个网络有能力从一组训练模式中学习到这样的特性，即让知识会成功地一般化到出自相同域的其它模式之中.

本节利用遗传算法解决以上的问题. 比起只用反向传播法的神经网络，包括遗传算法和神经网络模拟系统在内的混合系统能够进行更有效地学习.

4.3.2 混合学习系统

图4.9给出了由遗传算法与神经网络模拟系统构成的混合学

习系统．在遗传算法的群体中，染色体串编码前馈多层网络的结构，特别地，它们为隐含单元的数目、布局和控制反向传播法的三个参数（即学习率、动量项和初始随机连接权的范围，均用 Gray 码）编码．在本节讨论的前馈神经网络中，允许至多有两个隐含层；在能使网络性能提高的条件下，这两个隐含层中任何一层在演化中都可以被删去．在每一个隐含层中，神经元的最大数目为 16．图 4.10 说明了染色体串的编码形式．

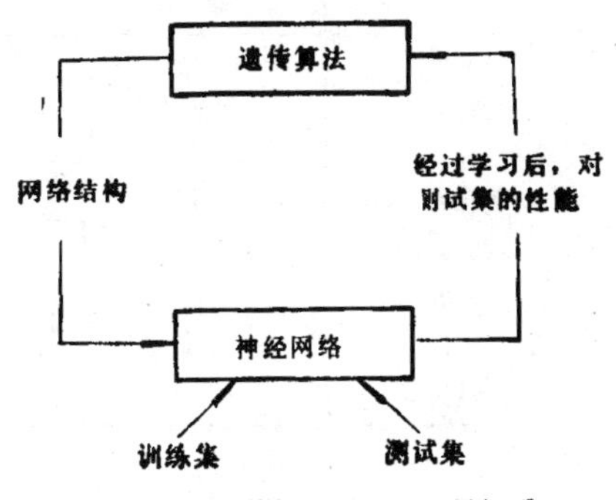

图 4.9　遗传算法和神经网络模拟系统耦合成的混合学习系统

0, 1 } $\eta\in\{0.5,0.25,0.125,0.0625\}$

0, 1 } $\alpha\in\{0.9,0.8,0.7,0.6\}$

1, 0 } 初始权范围 $\in\{\pm1.0,\pm0.5,\pm0.25,\pm0.125\}$

1, 0, 0, 0, 0 } 第 1 个隐含层（1 位＝有/无，4 位＝单元数）

1, 0, 0, 1, 0 } 第 2 个隐含层（1 位＝有/无，4 位＝单元数）

图 4.10　染色体串编码

这个混合学习系统准备执行的任务是模式判别学习任务，表 4.1 说明了这个问题．在输入位中，开头两位是噪声，与输出模式没有关系；最右边两位和输出之间的关系是二进制整数到它们对应的 Gray 码．这个任务的复杂性在于增加了不相关输入的单元和要求再编码有意义的输入．

表 4.1 模式判别任务

输　入	输　出	输　入	输　出
0000	00	0100	00
1100	00	1000	00
1001	01	0001	01
1101	01	0101	01
0010	11	1010	11
0110	11	1110	11
0011	10	0111	10
1011	10	1111	10

假定混合学习系统仅采用可能模式中的一个子集，在下面的试验中用到表 4.1 中的开头八个样本．在学习过程中，为了对每个由遗传算法产生的个体进行评价，首先从八个样本模式中随机选取一个放在一边，利用余下的七个模式(训练集)对网络进行训练；当误差平方和达到一个预置阈值 (0.10) 或已迭代完预先确定的代数时，就停止训练；一旦一个网络已经学到了判别准则，就用先前挑选出的训练实例对它进行评价．每个个体的适应值是其对这个实例的均方误差，它表示在学习阶段中对所获得知识的一般性的一个估计．

作为由演化产生的最佳结构的值的最后测试，再执行一个决定性试验．这个最佳网络对所有八个可用实例重复进行训练，然后再基于表 4.1 中另外八个实例对其进行测试．记录下关于测试集的平方误差的总和以及八个测试实例全部被正确分类的次数．对仅用反向传播法学习的满结构（即两个隐含层，每个隐含层有 16 个神经元)，也执行以上的过程，并把所得到的值与混合学习结构的值进行比较．

4.3.3 试验结果和结论

在生成和测试大约 1000 个个体后，遗传算法的群体(群体规模为 30) 最后收敛到具有如下特征的群体：除了一个外，所有的个体都有两个隐含层，大部分个体（其中 19 个）在第一个隐含层中仅有一个单元，最普遍的网络结构如图 4.11 所示．此外，群体中的大部分个体具有下面的学习参数：$\eta\in\{0.5, 0.25\}$，$\alpha\in\{0.9, 0.8\}$，初始权范围 $\in\{\pm 0.25, \pm 0.125\}$。

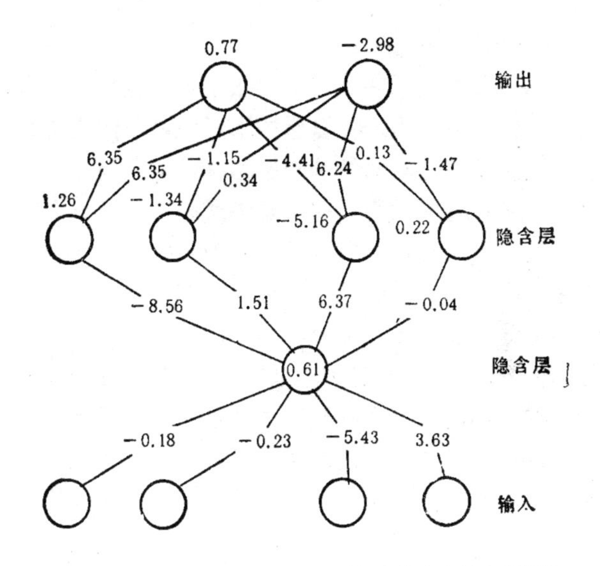

图 4.11　一个由演化设计的有效网络结构，其中连线上的数和神经元上的数分别为从训练中得到的权和阈值

这个设计初看起来似乎不可能求解问题，毕竟输入模式中有四个相异的分类，并且网络把所有的输入信息送到单个神经元上．从中可以发现，网络通过这个瓶颈神经元的活动层来判别四个分类．相应于两个噪声位的低权显示出网络已经学会了忽略它们，并且在瓶颈上面的连接执行输入的重编码．

决定性试验的结果清楚地表明了这个结构优于满结构网络，比较结果见表 4.2，其中给出了两个网络关于八个测试实例的总误差以及这八个测试实例全部被正确分类的比率．当给定大量的隐含单元时，单独由反向传播法得到的知识显示出对训练集的外加特征，缺乏一般性．然而，由遗传算法演化得到的具有严格限制的

表 4.2 两个网络结构关于八个测试实例的结果

	满网络	演化网络
总误差	0.675	0.207
正确分类比率	19/50	48/50

网络可以很好地完成这个任务.

上面的试验说明了在反向传播法中如何应用遗传算法求解人们目前面对的困难任务. 在缺乏关于任务复杂性的先验信息以及如何设计适合于任务的网络的知识的情况下, 设计人员经常凭借指定过多的神经元和层数, 并且相信反向传播法将能够去除多余部分. 由于反向传播法的"过学习"趋势,这个途径可能会行不通. 另一方面,通过对由反向传播法学到的知识的一般性的评价(即使一个噪声估计),遗传算法能够学习如何设计有效的网络.

作为设计人员,我们可能不会想到要指定这样窄的一个瓶颈, 并依赖反向传播法来学习在单个神经元的活动层上编码信息. 我们相信, 由遗传算法设计的新奇的网络结构有力地表明, 遗传演化方法有能力开发复杂学习过程的特征, 即使这些特征不为人所知.

第五章　遗传算法在组合优化中的应用

§5.1　基于有序的遗传算法和图着色问题

5.1.1　图着色问题

为了讨论图着色问题，首先介绍几个图的基本概念.

一个无向图 $G=(V, E)$ 包括一个有限、非空顶点集 V 和边集 $E \subseteq V \times V$，其中图的每条边对应于一无序顶点对．因此，在一个无向图中，顶点对 (x, y) 和 (y, x) 表示相同的边．顶点数 $|V|$ 和边数 $|E|$ 分别记为 v 和 e.

除了边是对应于有序顶点对外，一个有向图可以按与无向图相同的方式来定义，所以在有向图中，顶点对 (x,y) 和 (y,x) 表示两个不同的边，它们是带箭头的连线，分别指向顶点 y 和 x.

在图 5.1 中，每个圆圈代表一个顶点，其中有两个数，第一个数是顶点的标记，用于引用顶点；第二个数是为了优化的目的指定给顶点的加权．图着色问题涉及的是象这样具有加权顶点的图.

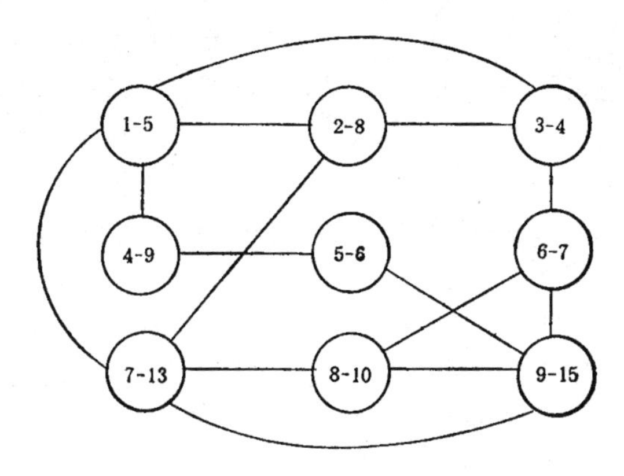

图 5.1　例图 1，圆圈表示顶点，线表示连接

给定每个顶点具有加权的图和 n 种颜色，图着色问题是按照下面的要求得到最高分数：从 n 种颜色的集合中选择一种颜色到任一顶点上，但要满足由连线连接的顶点没有一对具有相同的颜色，所得的分数就是着色顶点的总加权.

一种解图着色问题的贪婪算法主要包括以下两步：

1. 把图上的顶点集合按加权递减的顺序排序；

2. 在这个排序集合中按顺序取每个顶点，并为其指定它能够具有的第一个合法颜色.

贪婪顶点着色算法的求解速度非常快，这是因为它仅考虑每个图的可能着色中的一种情况. 然而因为它保证最大加权的顶点如可能就首先被着色，当应用到图 5.1 中的图时，这个算法将生成最优解. 这里算法按(9 7 8 4 2 6 5 1 3)的顺序考虑顶点，它首先对顶点 9 着色；因为顶点 7 和 8 与顶点 9 相连且顶点 9 已着色，所以留下顶点 7 和 8 不着色；再对顶点 4 着色，接着对顶点 2 着色，并留下其它的顶点不着色. 着色顶点 9，4 和 2 提供给算法一个分数 15+9+8，即 32.

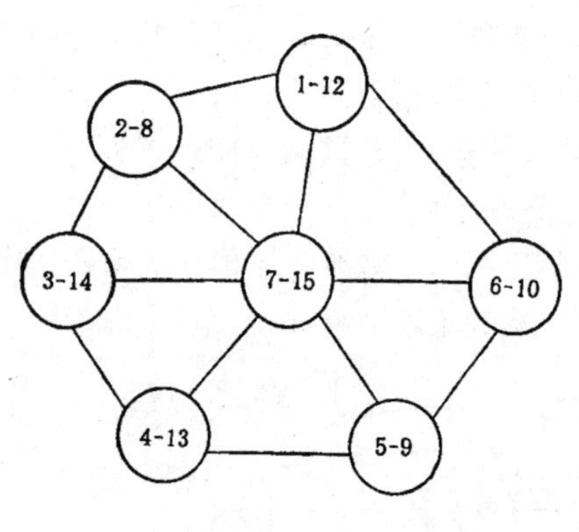

图 5.2 例图 2

下面再来考虑另一个图，如图 5.2 所示. 这个图有七个顶点，开头六个顶点排列成一个环，环绕着图的外面；第七个顶点位于环的中心，并与其它六个顶点相连，它被指定最高的加权. 贪婪算法将按 (7 3 4 1 6 5 2) 的顺序对顶点着色. 如果只能用一种颜色，贪婪算法将不会很好地求解这个问题. 因为中心顶点是算法考虑的第一个顶点，中心顶点将首先被着色. 然而，因为其它的顶点都与中心顶点相连，所以现在它们都不能再被着色了. 这个解得到的分数为 15，它不是最好的解. 最优解是对顶点 1，5 和 3 着色，取得分数 35. 在这种情况下，贪婪算法不能找到最优解. 注意到如果把这个图的中心顶点的权增加到超过 35，那么贪婪算法会找到最优解.

在两种颜色情况下，第一个图的最优解是分配第一种颜色给顶点 9,4 和 2，分配第二种颜色给顶点 7,6 和 5；第二个图的最优解是分配第一种颜色给顶点 1,5 和 3，分配第二种颜色给顶点 2,4 和 6.

对于图着色问题，改变顶点的加权和可用颜色的数目会强烈地改变最优解. 即使关于问题较小的变动也会让最优解有很大的改变. 由于这些原因，图着色问题不易求解. 用复杂性理论的语言来讲，图着色问题是一个 NP 完全问题，这意味着没有一种策略能保证很快地找到最优解.

因为贪婪图着色算法是个比较好的局部搜索算法，所以可以考虑把它与遗传算法结合在一起，下面讨论将它们混合的技术.

5.1.2 基于有序的表示和遗传算子

（一）基于有序的表示

前面已经讲过，在混合算法中要尽量采用原有算法中的编码. 贪婪图着色算法把图中顶点按下降的加权产生一个排序，然后基于先前顶点的颜色分配，按顺序为每个顶点分配给它能够具有的第一个合法颜色，从而完成对这个排序的译码.

把图上的顶点按某种方式排序，然后正如贪婪图着色算法那样对这个排序进行译码，这种把解编码到图着色问题上的技术将用于本节的混合遗传算法中.

在解图着色问题的混合遗传算法中，首先生成一个初始群体，其中每个染色体是图上顶点表的一个随机排列；染色体评价的过程是，按顺序取染色体上每个顶点，若可以对它着色的话，就分配给它第一个合法颜色；再应用遗传算法搜索更好的顶点表的排列，并按同样的方式对群体中新生成的染色体进行评价；重复多代，直到找到满意的着色方案.

（二）杂交算子

对于有序的染色体，下面给出一种基于次序的杂交算子．给定父代串 1 和 2，杂交算子按如下方式产生了代串 1：

1. 产生一个与父代串同样长度的二进制位串．

2. 对应于这个二进制位串上包含“1”的位置，从父代串 1 中拷贝相应的部分到子代串 1 中．

3. 把父代串 1 中与二进制位串中“0”相对应的元列成一个表．

4. 把表中的元按它们出现在父代串 2 中的相对次序进行排列．

5. 把这些排列后的元按顺序填入到子代串 1 中的空白处．

子代串 2 可以按类似的过程生成．这个杂交算子保持了第一个父代串中的一部分，同时给合了第二个父代串中的信息．这里被编码的信息不是与染色体上的一个位置相联系的一个固定的值，而是染色体上元的相对排序．从相对次序的角度来看，父代串 1 中可能有一些元被排列得很好，其它的元则可以通过杂交按它们在父代串 2 中的相对次序进行排列．

下面举例说明这个杂交算子的作用过程，从中可以看到，每个父代串中有一部分元不动，而余下的元则按它们出现在另外的父代中的相同次序重新排列：

父代串 1	1 2 3 4 5 6 7 8
父代串 2	8 6 4 2 7 5 3 1
二进制串	0 1 1 0 1 1 0 0
子代串 1	8 2 3 4 5 6 7 1
子代串 2	8 4 5 2 6 7 3 1

（三）变异算子

变异算子实现染色体的局部修改．对于有序染色体，一个简单的变异算子是交换染色体上两个位置上的值．在解图着色问题的混合遗传算法中，采用的变异算子是一种不规则子表变异，它选择父代染色体上项的一个子表，并在子代串上对它们进行重新排列，而子代染色体上其它的项则保持它们在父代中的位置不变．下

面给出一个不规则子表变异的例子:

父代串　　1 2 3|4 5 6 7 8|9

子代串　　1 2 3|6 4 8 7 5|9

5.1.3 图着色问题的实例

现在应用混合遗传算法求解包含100个顶点的图着色问题.在这个问题中,可用三种颜色对图着色,这要比前面给出的两个实例复杂得多.下面描述了这个图的所有顶点的标记、加权以及与其相连接的顶点标记:

(1 62 (20 58 74 82))
(2 183 (6 12 20 28 29 32 51 53 56 70 79 84 94))
(3 247 (18 24 33 50 88 92))
(4 66 (70 74 75 79 95 98))
(5 181 (7 25 32 34 44 55 69 85))
(6 95 (2 62 67 84 91))
(7 112 (5 43 47 82 84))
(8 65 (10 20 25 71 72 91))
(9 163 (32 44 46 62 67 69 71 82 92))
(10 112 (8 34 40 43 76 83 88 93))
(11 153 (12 18 23 26 30 73 82 97))
(12 117 (2 11 16 17 25 31 36 44 69 71 72 80 84))
(13 163 (28 29 38 61 67 77 92))
(14 239 (25 33 61 92))
(15 193 (19 25 38 56 57 67 88 96 100))
(16 241 (12 25 40 42 64 68))
(17 255 (12 23 30 39 79 82))
(18 153 (3 11 36 58 59 73 80 90 96))
(19 191 (15 31 35 47 49))
(20 209 (1 2 8 31 61 73 100))
(21 97 (22 27 28 32 88 93))

(22 133 (21 52 63 71 82 89 94 100))

(23 84 (11 17 25 37 49 62 71 84 90 93))

(24 103 (3 26 43 55 56 58 66 72 98))

(25 81 (5 8 12 14 15 16 23 36 61 63 75 87))

(26 104 (11 24 37 41 46 53 64 68 94))

(27 220 (21 29 32 40 53 65 74 78))

(28 208 (2 13 21 42 68 72 79 87))

(29 187 (2 13 27 40 43 60 64 71 99 100))

(30 129 (11 17 52 54 60 67))

(31 65 (12 19 20 39 42 56 71 78 83 89 90 93))

(32 181 (2 5 9 21 27 35 37 38 49 50 68 73 79))

(33 141 (3 14 35 36 40 49 62 76))

(34 118 (5 10 36 41 55 87 100))

(35 81 (19 32 33 38 40 44 55 77))

(36 70 (12 18 25 33 34 46 50 53 70 78 81 91))

(37 210 (23 26 32 60 88 97))

(38 95 (13 15 32 35 50 60 61 78 88))

(39 103 (17 31 64 77))

(40 187 (10 16 27 29 33 35 51 53 82 86))

(41 121 (26 34 81 96))

(42 97 (16 28 31 51 56 75 76 78 87 94))

(43 130 (7 10 24 29 70))

(44 113 (5 9 12 35 70 74 81 91 100))

(45 169 (53 78 81 86))

(46 182 (9 26 36 50 54 59 63 83 92 96 98))

(47 232 (7 19 64 77 84 92))

(48 233 (49 84 88))

(49 250 (19 23 32 33 48 59 60 68 77 83 89 91))

(50 220 (3 32 36 38 46 55 57 84 86 87 97))

(51 117 (2 40 42 57 69 98))

(52 126 (22 30 61 81 84 99))

(53 84 (2 26 27 36 40 45 54 55 93 97 99))

(54 182 (30 46 53 57 58 69 95))

(55 145 (5 24 34 35 50 53 79 87))

(56 176 (2 15 24 31 42 67 71 89 92))

(57 241 (15 50 51 54 62 65))

(58 178 (1 18 24 54 59 67 79 88))

(59 226 (18 46 49 58 64 82))

(60 242 (29 30 37 38 49 62 82 90 91 100))

(61 153 (13 14 20 25 38 52 70 77 86))

(62 79 (6 9 23 33 57 60 63 77 88))

(63 236 (22 25 46 62 68 72 85 94 98))

(64 106 (16 26 29 39 47 59 76 85 96))

(65 218 (27 57 82 96))

(66 205 (24 67 84 96 97))

(67 154 (6 9 13 15 30 56 58 66 76 99))

(68 221 (16 26 28 32 49 63 69 79))

(69 164 (5 9 12 51 54 68 79 89))

(70 104 (2 4 36 43 44 61 77))

(71 105 (8 9 12 22 23 29 31 56 88 95))

(72 212 (8 12 24 28 63 86 87 97))

(73 218 (11 18 20 32 84 85 93 97))

(74 90 (1 4 27 44 77 88 92 95))

(75 193 (4 25 42 81 99))

(76 242 (10 33 42 64 67 78 85 86))

(77 236 (13 35 39 47 49 61 62 70 74 80 93 95))

(78 86 (27 31 36 38 42 45 76 93))

(79 118 (2 4 17 28 32 55 58 68 69 96))

(80 72 (12 18 77 94 99))

(81 234 (36 41 44 45 52 75 97))

(82 125 (1 7 9 11 17 22 40 59 60 65 88 91 98))

(83 90 (10 31 46 49))

(84 153 (2 6 7 12 23 47 48 50 52 66 73 93 95 99))

(85 199 (5 63 64 73 76 88))

(86 154 (40 45 50 61 72 76 87 89 91 93))

(87 107 (25 28 34 42 50 55 72 86 100))

(88 79 (3 10 15 21 37 38 48 58 62 71 74 82 85))

(89 75 (22 31 49 56 69 86 96 99))

(90 76 (18 23 31 60))

(91 229 (6 8 36 44 49 60 86))

(92 182 (3 9 13 14 46 47 56 74))

(93 251 (10 21 23 31 53 73 77 78 84 86 97))

(94 250 (2 22 26 42 63 80 82 97))

(95 85 (4 54 71 74 77 84))

(96 174 (15 18 41 46 64 65 66 79 89))

(97 219 (11 37 50 53 66 72 73 81 93 94))

(98 100 (4 24 46 51 63 82))

(99 254 (29 52 53 67 75 80 84 89))

(100 145 (15 20 22 29 34 44 60 87))

图 5.3 显示了解上面问题的混合遗传算法的平均性能，其中群体规模为 100，并与简单随机算法的平均性能进行了比较．解图着色问题的简单随机算法的过程为，先随机生成顶点表的随机排列，再对它们进行评价．在执行相同数目的评价下，简单随机算法的性能没有混合遗传算法的好．另外，经过对 4000 个个体的评价后，混合遗传算法得到的最好的染色体比由同等数目的随机排列产生的最好的解要好大约 7%（这个量随着问题的变化而改变）．

最后需要说明一点的是，基于次序的表示法可能会把某些问题的最优解排除在外，然而对于本节的图着色问题，它的最优解可以用有序的染色体来编码．

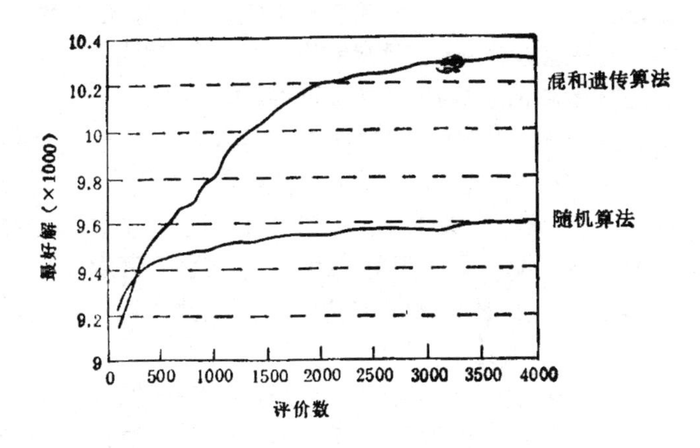

图 5.3 混合遗传算法和简单随机算法的性能曲线

§5.2 解货郎担问题的遗传算法

5.2.1 货郎担问题与几个常用的遗传算子

（一）货郎担问题

设 $G=(V, E)$ 是一个图，其中 V 是顶点集，E 是边集．设 $C=(c_{ij})$ 是与 E 相联系的距离矩阵．货郎担问题就是要决定一条通过所有顶点且每个顶点只通过一次的最短距离回路，这样的回路是哈密顿回路．在一些应用中，C 也可以解释为费用或旅行时间矩阵．货郎担问题分为两种类型，一种是对称问题，即对所有的 i，$j\in V$，成立 $c_{ij}=c_{ji}$；另一种是非对称问题．对所有的 $i,j,k\in V$，当且仅当 $c_{ij}+c_{jk}\geqslant c_{ik}$ 时，称矩阵 C 满足三角不等式．当 V 是 R^2 上的点集且 c_{ij} 是 i 和 j 之间的直线距离时，这个问题就是一个欧几里得货郎担问题．

货郎担问题最常见的实际解释为，一位推销员从自己所在城市出发，必须遍访所有城市之后又回到原来的城市，求使其旅费最少的路径．

货郎担问题是组合优化领域中的一个典型问题，涉及求多个变量的函数的最小值．虽然它陈述起来很简单，但求解却很困难，它一直是运筹学中最富挑战性的问题之一．由于其可能的路径条数是随着城市的数目 n 成指数型增长的，例如，一个 12 个城市的货郎担问题具有 39916800(=11!) 条不同的路径，这类组合优化问题称之为 NP 完全问题．它们的精确求解的计算量是与问题的规模 n 成指数型地增长的．一般说来，对于一个中等规模的问题，例如，$n=100$，则应用现存的计算机就已不可能求出它的真正最小值了．故人们探索它们的近似解法，遗传算法也属此类．

（二）杂交算子

应用遗传算法求解货郎担问题，最常用的表示方法是把染色体表示成所有城市的一个排列．假设有 n 个城市，一条可能路径可以编码为长度为 n 的整数向量 $(i_1, i_2, \cdots, i_n)$，其中 i_k 表示第 i_k 个城市．这个向量是 1 到 n 的一个排列，换句话说，从 1 到 n 的每个整数在这个向量中正好出现一次．

在这种表示方法下，传统的杂交算子产生的向量很可能不是从 1 到 n 的排列，即产生了无意义的路径．为了排除这个问题，必须定义保持编码有效性的杂交算子．关于杂交过程，这里需要的是交换一个向量上的元，而不是替换它们．下面介绍四种这种形式的杂交算子．

(1) 基于次序的杂交

这种杂交算子首先在两个父代向量上随机选取一组位置，然后把一个父代在这组位置上的元的次序强加到另一个父代对应的元上．举例说明如下：

父代 1: 1 2 3 4 5 6 7 8 9 10

父代 2: 5 9 2 4 6 1 10 7 3 8

所选位置: * * * *

子代 1: 1 9 3 4 5 2 6 8 7 10

子代 2: 2 9 3 4 6 1 10 7 5 8

(2) 基于位置的杂交

这种杂交算子首先在两个父代向量上随机选取一组位置，然

后把一个父代向量上被选元的位置强加到另一个父代向量对应的元上. 举例说明如下:

父代 1: 1 2 3 4 5 6 7 8 9 10

父代 2: 5 9 2 4 6 1 10 7 3 8

所选位置: * * * *

子代 1: 1 9 2 3 6 4 5 7 8 10

子代 2: 9 2 3 4 5 6 1 8 10 7

(3) 部分映射杂交

在两个父代向量上随机选取一段, 部分映射杂交的思想是利用两个父代向量在所选段内元的对应对来定义一系列交换, 这些交换可以在每个父代向量上分别执行. 假设下面两个向量是可能的路径:

2 6 4 3 | 8 1 5 | 10 7 9

8 5 1 10 | 7 6 2 | 4 3 9

其中对应对是 8:7, 1:6 和 5:2, 部分映射杂交生成如下两个有效路径:

5 1 4 3 | 7 6 2 | 10 8 9

7 2 6 10 | 8 1 5 | 4 3 9

(4) 循环杂交

考虑两个父代路径:

父代 M: m_1 $m_2 \cdots m_n$

父代 D: d_1 $d_2 \cdots d_n$

对每个 $i=1, \cdots, n$, 循环杂交或者选取 m_i 或者选取 d_i 产生一个子代. 如果选取 m_i, 则城市 d_i 也必须从父代M中选取, 以保证游遍每个城市. 这个约束可以用关于父代M和D的循环标号来描述, 例如

父代 M: 1 2 3 4 5 6 7 8 9 10

父代 D: 1 7 2 5 4 9 3 6 10 8

循环标号: U 1 1 2 2 3 1 3 3 3

当 $m_i=d_i$ 时, 循环标号为 U, 表明是单循环. 第一个循环(标

号为1)包括位置2,3和7. 因为如果 m_2 被选取,则城市7($=d_2$)必须也来自父代 M,它在位置7;接着这限制城市3($=d_7$)也从父代M中选取,此时循环结束,因为城市3在位置3,而 $d_3=2$ 已从父代M中选取.

关于3个非单循环的每一个,通过选取父代M或父代 D,父代M和D有8个可能的子代,这里给出其中一个子代:

子代: 1 7 2 4 5 6 3 8 9 10

父代: M D D M M M D M M M

(三) 变异算子

变异算子在遗传算法中起着双重作用,一方面它在群体中提供和保持多样性以使其它的算子可以继续起作用,另一方面它本身也可以起一个搜索算子的作用.交异是作用在单个染色体上.并且在本节的表示方法下,它总是产生不同于父代的另一个染色体.下面介绍三种变异算子.

(1) 基于位置的变异:随机选取染色体上两个元,然后把第二个元放在第一个元之前.

(2) 基于次序的变异:随机选取染色体上两个元,然后交换它们的位置.

(3) 打乱变异:随机选取染色体上一段,然后打乱在这个段内元的次序.

5.2.2 算法描述

解货郎担问题的遗传算法过程为:

第1步 从N个随机起点开始产生N条路径,N为群体的规模.

第2步 利用2最优方法搜索每条路径的局部最优解.

第3步 选择交配对使在平均性能之上的个体得到更多的子代.

第4步 杂交和变异.

第5步 搜索每条路径得到其极小解,如果不收敛,则回到第

3 步;否则,停止执行.

上面的算法试图从局部极小转移到更好的局部极小，在得到每条路径的局部极小解后，就把找到的路径作为遗传信息传递给后代，即对这些已找到局部极小解的路径应用遗传算子．现在更详细地说明算法第 4 步中的杂交和变异,在执行它们之前,要首先完成一个分类匹配步骤．

称两个父代染色体一个为接受串,一个为捐送串,分类匹配搜索满足以下两个条件的子串：

条件 1　设 $a_1, \cdots, a_n$ 和 $b_1, \cdots, b_n$ 分别是接受串和捐送串,在这两个染色体上寻找具有相同长度以及相同首项和末项的子串，也就是这样的子串，$a_j, \cdots, a_{j+m}$ 和 $b_k, \cdots, b_{k+m}$，其中 m 为子串长度，$a_j = b_k$，$a_{j+m} = b_{k+m}$.

条件 2　在满足条件 1 的情况下,分类匹配再比较子串对，找到满足包含相同项条件的子串对，即判定 $\{a_j, \cdots, a_{j+m}\}$ 和 $\{b_k, \cdots, b_{k+m}\}$ 是否相等．

如果可以找到满足以上两个条件的子串对，则把具有更短距离的子串拷贝到接受串上．图 5.4 给出了一个实例．

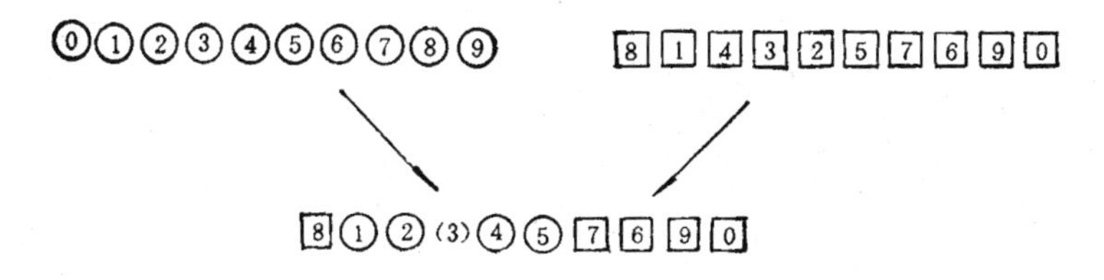

图 5.4　分类匹配的实例

分类匹配是由 Brady 提出的杂交算子，Mühlenbein 等人发现,在减少计算时间方面它非常有用,但它只是作用较弱的杂交算子．事实上,在计算的开始阶段，分类匹配会产生比较好的后代,而在后阶段,它就不起作用了．利用这种方法,路径中的连接被打断的唯一途径是通过变异,但因为变异是完全随机地起作用,所以会损失遗传信息．因此，从一个局部极小到另一个局部极小的转移不常发生，并且在找到一个相当好的解之前，算法会在计算的早期停滞不前.

在后面的算法试验中，采用的是修改的分类匹配. 它从捐送串上随机选取一个子串，接着把包含在被选子串上的元从接受串上删掉，然后再把这个子串拷贝到接受串上. 新的路径就由捐送子串和接受串上剩余的元构成，其中接受串上剩余的元按它们原来的顺序排列，这又是一个有效路径. 在执行这个算子时，所选子串的长度不能太短，否则杂交不起作用；也不能太长，因为那样会失去变异. 一般把随机子串的长度限制在至少为 10，并且不超过 $n/2$. 图 5.5 给出了这个杂交算子的一个实例.

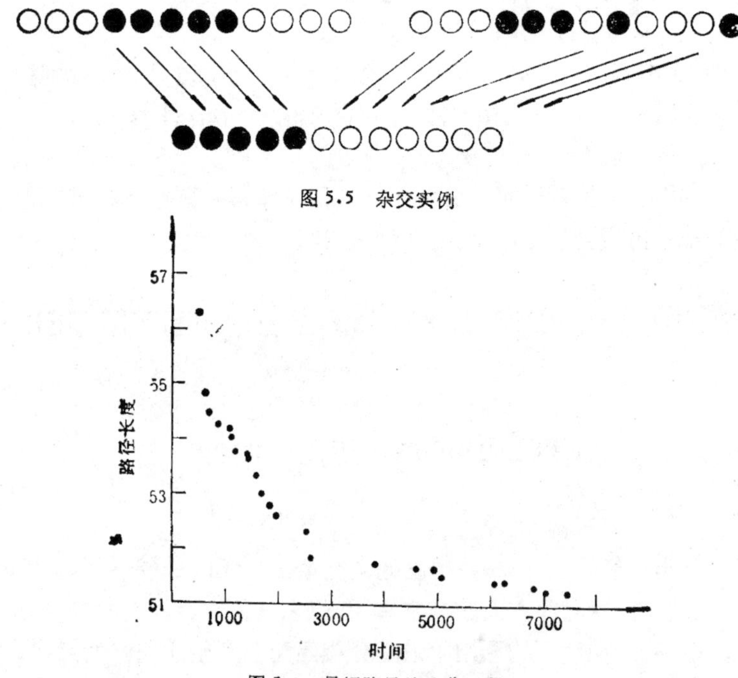

图 5.5 杂交实例

图 5.6 最好路径的演化过程

这个杂交算子的优势在于，只是有限数量的连接被打断，最大数量为所拷贝子串的长度. 在计算的开始阶段，被打断连接的数目有时会达到最大数量，但随着计算的进行，所得到的解有更多的共同连接，这使得实际被打断的连接数下降，如果降到少于10%，则执行附加的变异。

5.2.3 货郎担问题的计算结果

现在以一个非常著名的 Grötschel 的442个顶点的货郎担问题为例(附录中给出了这个问题的顶点坐标)，给出遗传算法的计算结果。

图5.6显示了在求解这个问题时，由遗传算法所得到的最好

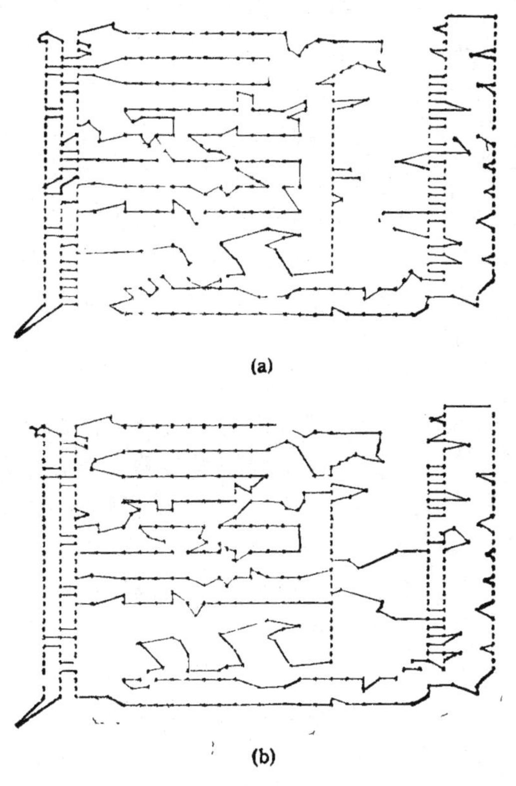

图5.7 Grötschel 的442个顶点问题的最好解
(a) 路径长度：51.21，(b) 路径长度：51.24

的路径的演化过程．图中左边第一个点是在算法第 1 步中找到的最好结果；接着应用复制、杂交和变异，可以发现所得路径的长度的下降先是很快，而后慢下来，直到找到的最好解为 51.21（这里说明一点，在应用遗传算法之前，已将问题中顶点的坐标缩小了 100 倍）．图 5.7 显示了所找到的两条路径．

§5.3 解映射问题的并行遗传算法

5.3.1 引言

目前并行计算机已在多种应用领域中发挥着强大的作用．为了提高它们的使用效率，需要在并行计算机上有效地划分进程，这涉及到映射问题．实际上对于并行计算机上应用的执行而言，仅仅从高级语言到串行机上所用的二进制代码的转换是不够的．并行计算机上的代码和数据必须被分离成可装入代码目标，并且要把这些目标放置在处理机的网络上．给定进程执行特征的某一先验知识，就存在进程的一个最优布局．并行计算机上大多数现有的程序设计环境都没有提供对这个问题的解，从而负担就落到了程序设计人员身上．

一个并行程序可以用一个图来模拟，其中顶点代表进程，顶点的加权代表这些进程的已知或估计的计算开销，边代表进程之间所要求的通信链路，边的加权代表这些链路上通信需求相关量的估计．一个并行结构也可以用一个无向、连通图来模拟，在这种情况下，顶点代表处理机，边代表处理机之间的通信链路．当进程数超过可用处理机数目时，这种情况在大规模并行程序设计中经常出现，映射问题就包含收缩问题，这等价于图划分问题．图 5.8 用一个实例说明了并行程序到并行结构的映射．

给定一个图，图划分问题就是要搜索图的顶点的一个划分，以优化一个给定的费用函数．除了映射问题之外，图划分问题还有许多实际应用．例如，计算机视觉领域中的图象分割就是把分段图象描述为图，其中每个顶点代表一段，顶点之间的每个加权边代

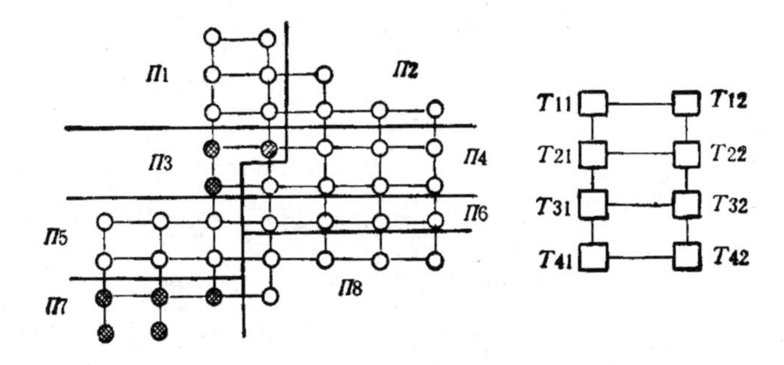

图 5.8 一个并行程序到并行结构的映射

表图象两段之间的拓扑关系.

图划分问题是 NP 完全问题,人们已经研究出了它的多种近似解法,如模拟退火算法、神经网络算法和遗传算法. 我们知道,从理论和实际中已经证实了遗传算法提供了一种对复杂空间的稳健搜索,但是它们的执行时间一般相当长,因此本节讨论一种并行遗传算法来加速遗传算法的搜索过程.

假设给定:

· 一个无向图 $G=(V,E)$;

· $\Omega_1:V\longmapsto Z^+$, 使得 $\Omega_1(v_i)=w_{1i}$ 是顶点 v_i 的加权;

· $\Omega_2:E\longmapsto Z^+$, 使得 $\Omega_2(e_j)=w_{2j}$ 是边 e_j 的加权;

· 一组关于加权的数值约束 $\Phi=\{\varphi_1,\varphi_2,\cdots,\varphi_m\}$. 图的划分问题是找到 V 的满足约束 Φ 的一个划分 $\Pi=\pi_1,\pi_2,\cdots,\pi_n$.

图划分问题的大多数应用,例如图象分割,对应于下面的约束组,其中所有顶点的加权置为 1:

· 对 V 的、属于划分 Π 的每个子集 π_i, π_i 中顶点数等于给定值 B_i:

$$\sum_{v\in\pi_i}\Omega_1(v)=B_i,\ \forall\pi_i\in\Pi$$

其中

$$\Omega_1(v)=1,\ \forall v\in V$$

· 从 π_i 到 π_j 的边的开销必须最小

$$\min\left(\sum_{e\in\varepsilon}\Omega_2(e)\right)$$

其中

$$\varepsilon=\{(x,y)\mid(x,y)\in E\wedge x\in\pi_i\wedge y\in\pi_j\wedge i\neq j\}$$

在约束 Φ_1 下，图划分问题是 NP 完全问题．对于并行程序到并行结构的映射，我们必须考虑下面的约束组 Φ_2：极小化处理机之间总通信开销（从 π_i 到 π_j 的边的总开销）以及不同处理机的负载方差（属于一个给定 π_i 的顶点开销的方差）：

$$\min\left(\sum_{e\in\varepsilon}\Omega_2(e)\right.$$

$$\left.+\left\{K\left[\frac{\sum_{\pi_j\in\Pi}\left(\sum_{v\in\pi_j}\Omega_1(v)\right)^2}{|\Pi|}-\left(\frac{\sum_{v\in V}\Omega_1(v)}{|\Pi|}\right)^2\right]\right\}\right)$$

对于 $K=0$，约束组 Φ_2 降低为 Φ_1，从而证明了在约束 Φ_2 下的映射问题也是 NP 完全问题．K是系统中通信开销对计算负载平衡的加权，一个适当的K值选取依赖于映射问题所涉及的并行结构的特征．非常小的K值意味着一个单处理机解；非常大的K值把问题降低为无通信开销的多处理机调度问题．本节用到的并行结构是 transputer（晶片机）的网络．

5.3.2 遗传表示和并行策略

应用遗传算法求解映射问题，染色体串可以采用下面的表示方法．假设把L个进程的图放置在M个处理机的并行结构上，并指定给每个处理机一个符号（例如一个在 1 和M之间的整数）．一个给定的映射可以用长度为L的符号串来表示，其中在位置 q 上的符号 p 意味着图的进程 q 在子集 p 中．例如，如果有 4 个进程和 2 个处理机，用序数 1,2,3,4 表示 4 个进程，用基数 1,2 记 2 个处理机，则 1121 是一个可能的映射，其中进程 1,2 和 4 被映射到处理机 1 上，进程 3 被映射到处理机 2 上．在这种表示方法下，可采用通常的杂交算子，而变异就是M个可能的符号之一的随机试验.

在遗传算法中，如果群体规模很大，那么执行时间会相当长，所以效率不高. 为了加速遗传算法的搜索过程，人们提出了两种并行化遗传算法的途径：标准并行方法和分解方法. 在标准并行方法中，适应值的计算以及利用杂交和变异繁殖后代的过程可以并行执行，而选择过程仍是按串行执行. 因为群体中任何两个串都可以杂交，从而并行的选择将需要串的完全连通图. 在分解方法中，群体被划分成等规模的子群体. 每个处理机在其自身的子群体上运行遗传算法，并且周期地选择好的串送到其相邻处理机上，同时周期地接受相邻处理机上的好的串的复制来替换其自身子群体中差的串. 处理机邻域、串的交换频率、串的交换数是可调参数.

标准的并行模型是不灵活的，其中通信开销随群体规模的平方增长，因此这种方法不太适于分布式存储结构，在这种结构上通信费用对并行程序的性能有重要的影响. 在分解模型中，固有的并行性没有被充分开发，这是因为子群体的处理可以被进一步地分解. 只有当可用处理机数目小于所需群体规模时，才考虑采用这种方法.

对于在大规模并行结构上的应用，本节采用细粒度模型，其中群体被映射到一个连通处理机图上，例如一个网格，每台处理机上分配一个串. 在串集和处理机集之间存在一个双射. 选择是在每个串的邻域中局部地进行；邻域的选取是一个可调参数. 为了减少在并行分布式计算机上通用路由选择算法的开销和复杂性，一般地把一个串的邻域限制在与其直接相连接的串(即处理机).

5.3.3 并行遗传算法的执行分析

现在讨论算法在 Supernode 上的应用. Supernode 是基于 Inmos T800 transputer 的松耦合的高度并行计算机，它的重要特征之一是能够通过利用可编程 VLSI 开关设备来动态地重构它的网络结构．它提供的处理机数目从 16 到 1024．

假定群体中每个串被分配在一个处理机上，通信是通过信息传递来完成．下面用伪 Occam 语言描述每台处理机上的执行过程．Occam 语言是一种新型的高级并行处理编程语言，它能够很好地描述并行进程间的并发和同步通信概念．并行结构 PAR 把在同一时刻并行执行的若干进程组合在一起．通信是基于通道来实现的，利用通道通信，数据可在并发进程之间传送．每个通道为两个并发进程提供了非缓冲式的单向的点到点式通信．

```
SEQ
  Generate (local-string)
  Evaluate (local-string)
  While (number-of-generations ≤ max-number-of-generati-
      ons)
    SEQ
      PAR i = 0 FOR number-of-neighbors
        PAR
          neighbor-in[i] ? neighbor-string[i]
          neighbor-out[i] ! local-string
      PAR i = 0 FOR number-of-neighbors
        Reproduction (local-string, neighbor-string[i])
      Replacement
```

每个繁殖阶段产生两个子代串，算法从其中随机选取一个开始．替换阶段利用最好的局部子代串替换当前的局部串．群体被分配在处理机上．处理机的配置使计算机的布局成一个环面．给定 transputer 的四条通信链路，每个串有 4 个相邻串．因为只有直接连接的处理机需要交换信息，所以在这个处理机网络上无需路由选择．

下面给出并行遗传算法的性能评价．当并行遗传算法在不同规模的处理机上以及在具有不同规模的群体（在给定每个处理机上有一个串时，二者相等）的情况下运行时，可以用加速比来判定一个解的质量．考虑一个特定映射问题，把 32 个进程的流水线映射到 8 个处理机的流水线上．假定两个进程之间的执行费用和通信开销置为 1，则最优解得分为 7．图 5.9 显示了处理机数目和群体规模对达到得分为 8 的解所需时间的影响．

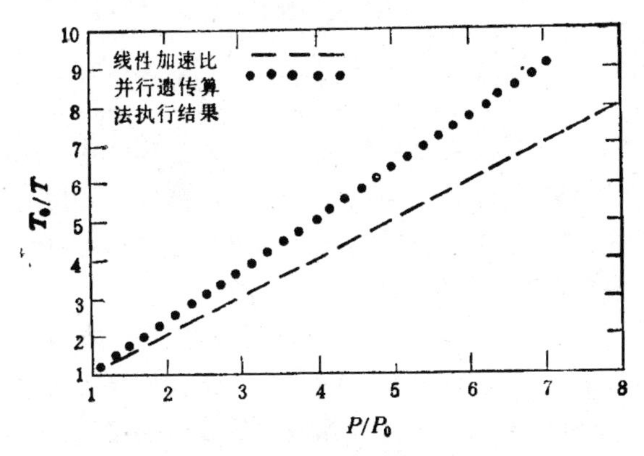

图 5.9 在不同规模的并行计算机上的执行时间．P 表示处理机数目；T 表示 CPU 时间；$P_0=9$，$T_0=304$

从图 5.9 中可以看到并行遗传算法具有超线性加速比，即处理机数目乘以 p 时，执行时间变为原来的 $kp(k>1)$ 分之一．

第六章 遗传程序设计与程序设计自动化

§6.1 引 言

在自然界中，那些与生存环境越适应的生物结构会以越高的比例生存下来并繁衍后代．生物学家认为，结构对环境的适应是自然选择的结果．换言之，通过自然选择、有性重组（遗传杂交）及变异，适应将导致新结构的出现．

计算机程序是由人设计的最复杂的结构之一．本世纪50年代，A. Samuel 就把在没有明确编程条件下让计算机去学习解决问题作为计算机科学与人工智能领域中最重要的目标之一．所谓计算机的自动程序设计，是指仅仅告诉计算机要做什么，而没有明确告诉计算机如何逐步地去完成所要求的任务．

尽管在机器学习、人工智能、自组织系统和神经网络等领域中已有不少关于自动程序设计的方法，然而它们所得到的解都不是计算机程序的形式，而是一些专门的结构．例如，神经网络得到的是连接权向量，常规遗传算法得到的是染色体串．事实上，在自动程序设计中，我们真正需要得到的是计算机程序．

计算机程序提供了以下几种操作上的灵活性：

（1）执行按分层方式的操作；

（2）执行由中间计算结果决定的另一个计算；

（3）执行迭代和递归操作；

（4）执行对许多不同类型变量的计算；

（5）定义中间值和子程序以便在后边用到它们．

本章介绍最近才发展起来的一种自动编程技术——遗传程序设计（Genetic Programming）．遗传程序设计通过增加结构的复杂性可以更灵活地处理遗传算法中的表示问题，不是象常规遗传算法那样采用确定长度的染色体串，遗传程序设计中用到的一般是规模和形状能够动态变化的分层计算机程序 (Koza，1992)。

对于许多问题来说，作为解的最自然的表示是计算机程序，也就是说这些问题可以视为要求找到对特定输入产生所要求输出的计算机程序。从而求解这些问题的过程可以重新表示为在可能的计算机程序空间中寻找适应性非常好的计算机程序，其中适应性是用来度量计算机程序解决一个特定问题的好坏程度。从这个角度来看，求解问题的过程等价于在可能的计算机程序空间中进行搜索以找到适应性最好的计算机程序。特别地，搜索空间就是所有可能的计算机程序，这些计算机程序由适合问题域的函数和端点构成。

在遗传程序设计中，计算机程序的群体为了解决问题不断进行遗传繁衍，由遗传程序设计产生的解就是作为它们进行自然选择和遗传杂交的一个结果。这个过程由一个适应值度量来推动，适应值度量把问题的性质传递到计算机和它的学习模式中。

§6.2 遗传程序设计的主要步骤

遗传程序设计从一个随机产生的计算机程序的群体出发，每个程序由适合问题域的函数和端点构成。函数可以是标准算术运算、标准程序操作、标准数学函数、逻辑函数或特殊领域问题的函数。端点是变量原子或常数原子。这个初始随机群体的产生实际上就是对问题的搜索空间进行的盲目随机搜索。

群体中每个计算机程序是依据它在特定问题环境中执行效果的好坏进行度量，这个度量称为适应值度量。适应值度量的特性随着问题而变。例如，在人工蚁问题中，适应值取为被蚁吃掉的食物块数，食物被吃掉得越多，适应值度量越好。对于许多问题而言，适应值更自然地是由计算机程序产生的误差来度量，这个误差越接近于 0，相应的计算机程序越好。

群体中每个计算机程序一般是在一些不同适应事例上运行，

以便它的适应值是按在各种不同代表性的事例上的和或平均值进行度量．这些适应事例有时表示对一个独立变量不同值的抽样或对系统不同初始条件的抽样．例如，为了度量群体中一个计算机程序,可以选取一个包含50个不同输入的抽样作为适应事例，把程序在这些适应事例上产生的输出与问题正确答案之间差的绝对值的和作为其适应值,这50个适应事例可以随机地选取或按某种方式构造．

除非求解的问题非常简单且规模很小，此时可以用盲目随机搜索容易地求解，否则在第0代中的计算机程序将会有非常差的适应值．尽管如此，群体中的一些程序还是会比其它的更好一些．

遗传程序设计主要是利用复制和杂交操作从当前程序群体中产生新的子代计算机程序群体．复制操作先是按比例于适应值的方式从当前群体中选择一个计算机程序；然后把它复制到新一代群体中．在应用杂交操作前，先按比例于适应值的方式从当前群体中选择两个计算机程序作为父代程序，然后杂交操作通过互换这两个父代程序中的子树（子程序）产生两个新的子代计算机程序．这两个子代计算机程序一般在规模和形状上与它们的父代计算机程序不同．

如果两个计算机程序在求解一个问题中相当有效，从直觉上可知它们中的一些子程序会有某些优点．通过结合从这两个程序中随机选取的部分，我们可能生成新的比它们父代程序更好的子代计算机程序．

在对当前群体执行完复制和杂交操作后，子代群体（即新一代)就会替代老群体(即上一代)．

接着度量新的群体中每个计算机程序的适应值，并把上面的处理过程重复许多代．

在这个高度并行、局部控制、分散处理过程中的每个阶段上，处理过程的状态将仅由当前计算机程序的群体构成．驱动这个过程的强制力仅由当前群体中程序的适应值组成，这些程序个体不断与问题环境相适应.

在经过许多代后，由遗传程序设计生成的计算机程序群体的平均适应值会呈现出递增的趋势，并且这些计算机程序的群体能够快速、有效地适应环境的变化.

一般地，遗传程序设计指定在一次运行中的任一代出现的最好的计算机程序为最后的结果.

遗传程序设计的一个重要特征是生成的计算机程序具有分层特性. 在许多情形下，由遗传程序设计产生的结果或是缺省分层结构,或是任务优先分层结构,或是这样的分层结构，其中一个行为包含或抑制另一个行为.

遗传程序设计的第二个重要特征是生成的计算机程序会按接近问题解的方式动态改变. 试图预先确定或限制最后解的规模和形状既不自然又非常困难,而且这样可能会缩小搜索的范围,从而很可能把问题的解也排除在外.

遗传程序设计的第三个重要特征是没有输入的预处理和输出的后处理. 输入、中间结果和输出一般直接用问题域的自然术语来表示，并且构成由遗传程序设计产生的计算机程序的函数对问题域也是自然的.

遗传程序设计是一种通用、不依赖于问题域的方法. 它提供了一个找到解一问题的计算机程序的统一途径. 本章将以人工蚁问题为例说明如何把不同的问题重新表示成一个共同的形式（即计算机程序的归纳问题)，并讨论如何用这种统一的方法(即遗传程序设计)解决程序归纳问题.

总之，遗传程序设计通过执行以下三步来生成解决问题的计算机程序:

(1) 产生一个由问题的函数和端点的随机组合构成的初始群体(即计算机程序的群体).

(2) 迭代执行以下几个子步骤直到满足停止准则:

(a) 执行群体中每个程序，然后根据它解决问题的效果为其指定一个适应值.

(b) 通过应用下面两个基本操作来产生一个新的计算机程序的群体．在应用操作之前，首先要基于适应值按概率方式从群体中选出计算机程序，并称它们为现有计算机程序．

(i) 复制：将现有计算机程序复制到新的群体中．

(ii) 杂交：先从两个现有程序中分别随机选取两个子树，然后通过对应交换它们生成新的计算机程序．

(3) 当满足停止准则时，把在任一代中出现的最好的计算机程序指定为遗传程序设计运行的结果．这个结果可能是问题的解(或近似解)．

§6.3 遗传程序设计的具体描述

6.3.1 函数集和端点集

每个自适应系统或学习系统至少对一个结构进行自适应操作．常规的遗传算法和遗传程序设计是对搜索空间中一个点的群体而不是对单个点进行自适应操作．遗传方法与大多数其它搜索技术的不同之处在于它们同时对搜索空间中成百上千个点进行并行搜索．

在遗传程序设计中进行自适应操作的各个结构是分层结构化的计算机程序，这些计算机程序的规模、形状和内容在自适应过程中可以动态地改变．

遗传程序设计中可能结构的集合是函数和端点所有可能组合的集合，它们可以从 n 个函数的集合 $F=\{f_1, f_2, \cdots, f_n\}$ 和 m 个端点的集合 $T=\{a_1, a_2, \cdots, a_m\}$ 中递归地构成．

函数集合中的函数可以包括：

(1) 算术运算(如+、-、*)；

(2) 数学函数(如 sin, cos, exp 和 log)；

(3) 布尔运算(如 AND, OR, NOT)；

(4) 条件算子(如 If-Then-Else)；

(5) 迭代算子(如 Do-Until)；

(6) 递归函数；

(7) 任意其它特殊问题中可定义的函数.

端点一般要么是变量原子（可能表示输入、传感器、探测器或某个系统的状态变量），要么是常数原子（如数 3 或布尔常数 NIL). 端点偶尔地是没有显式自变量的函数，这样函数的实际功能在于它们对系统状态的附加作用.

考虑函数集 $F=\{AND, OR, NOT\}$ 和端点集 $T=\{D0, D1\}$，其中布尔变量原子 $D0$ 和 $D1$ 作为函数的自变量. 可以把函数集和端点集合并成如下的并集 C：

$$C=F\cup T=\{AND, OR, NOT, D0, D1\}$$

从而在并集 C 中的端点可以视为取 0 个自变量的函数，也就是说，集合 C 中的五项可以视为分别取 2,2,1, 0 和 0 个自变量.

对于上面描述的端点和函数的并集，可以很方便地用 LISP 语言的符号表达式来产生和处理. 在 LISP 语言中，这些符号表达式直接对应由大多数编译程序在内部建立的分析树.

考虑一个用 LISP 的符号表达式表示的布尔函数：

(OR (AND (NOT D0) (NOT D1)) (AND D0 D1))

图 6.1 把这个表达式描述为有根的、结点带标记的且具有有序分支的树. 树中五个内点用函数 (OR, AND, NOT, NOT 和 AND) 来标记，树的四个外点即叶子用端点（布尔变量原子 $D0$, $D1$, $D0$ 和 $D1$）来标记，树的根用符号表达式中第一个函数 (OR) 来标记. 这棵树等价于由大多数编译程序在内部建立的、表示一个给定计算机程序的分析树.

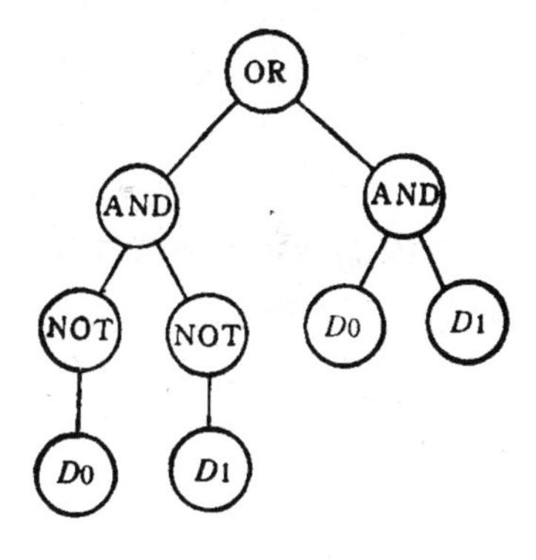

图 6.1 有根的、结点带标记的且具有有序分支的树

遗传程序设计的搜索空间就是由所有可能的 LISP 的符号表

达式构成的空间，这些符号表达式由适合于问题的函数和端点的组合来递归地建立．这个搜索空间可以等价地视为有根的、结点带标记的且具有有序分支的树的空间，其中每棵树的内点和外点分别用可用函数和端点来标记．

在遗传程序设计中进行自适应操作的结构不同于在遗传算法中进行自适应操作的结构，前者是分层结构，后者是确定长度的串．

在遗传程序设计中，端点集和函数集的选择应该使其满足闭包性和充分性．闭包性要求函数集中任一函数返回的任意值和数据类型，以及端点集中任一端点的任意假定值和数据类型都能作为函数集中每个函数的自变量．闭包性是合乎需要的，但它不是绝对需要的．我们可以采用罚函数法处理不可行点或丢弃群体中出现的不可行点．如何处理不可行点的问题并不是遗传方法中独有的，在许多其它算法中也存在这个问题，但至今还没有令人完全满意的一般解决办法．

充分性要求端点集和基本函数集能够表示问题的解．当我们应用遗传程序设计时，必须提供适合于问题的端点集和基本函数集，以保证它们的某个组合可以表示问题的一个解．

6.3.2 初始结构

初始群体中各个符号表达式组成了遗传程序设计中的初始结构，其中每个符号表达式的生成是通过随机产生一棵有根的、结点带标记的且具有有序分支的树来实现的．

开始是从函数集 F 中随机地（利用一致随机概率分布）选择一个函数作为树根的标记．之所以把树根的选择限制在函数集 F 上，是因为我们想要产生一个分层结构，而不是产生由单个端点构成的退化结构．假设函数＋(取两个自变量)被从函数集 F 中选择作为树根的标记，如图 6.2 所示．

每当树的一个结点用函数集 F 中的一个函数 f 来标记，则产生 $z(f)$ 条线从此结点向外辐射，其中 $z(f)$ 表示函数 f 所取的

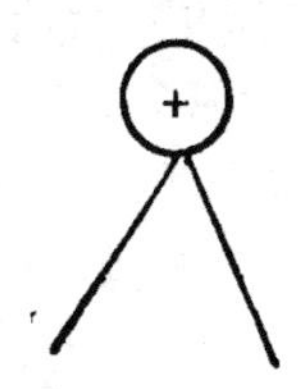

图 6.2 随机程序树的根的生成

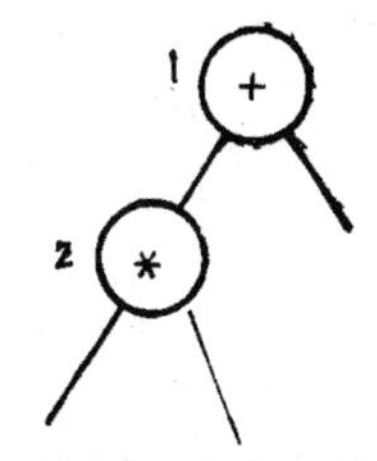

图 6.3 随机程序树产生的中间过程

自变量数目. 接着对每一条这样的辐射线，从函数和端点的并集 $C=F\cup T$ 中随机选取一个元素作为辐射线结点的标记.

如果对于任一这样的结点选择一个函数作为其标记，则产生过程就按上面所描述的过程递归地继续进行下去. 例如,在图 6.3 中，从根(结点 1) 伸出的第一条辐射线的结点(结点 2) 用从并集 C 中选择的函数 * 来标记. 因为在结点 2 处选择了一个函数，所以它将是最终所生成的树的内部非根结点. 函数 * 取两个自变量,因此从结点 2 伸出两条辐射线.

如果一个端点被选择作为任一结点的标记，则那个结点就成为树的终端结点，在终端结点处树不再继续生长下去. 例如,在图 6.4 中，端点集 T 中的端点 A 被选择作为从结点 2 伸出的第一条辐射线结点的标记. 类似地，端点 B 和 C 被选择作为图 6.3 中其它两条辐射线结点的标记. 以上的产生过程从左到右递归地进行下去，直到生成一个节点被完全标记的树,如图 6.4 所示.

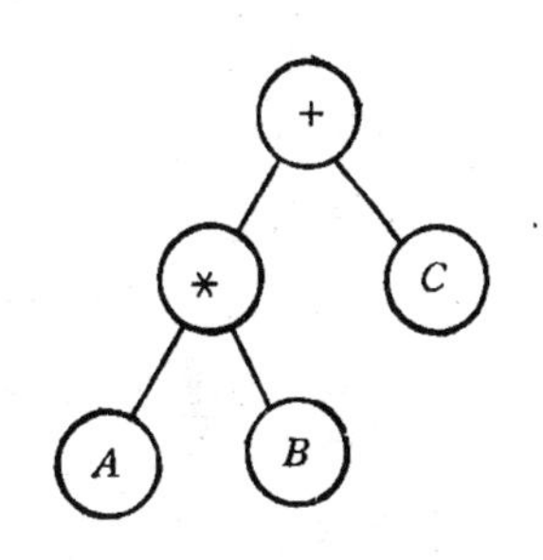

图 6.4 最终产生的随机程序树

随机程序树的产生过程可以按几种不同的方法实现，从而得到具有不同规模和形状的初始随机树. 下面给出两种基本的产生初始随机树的方法，分别称为“满”算法和“生长”算法. 为此首先给出一个定义，树的深度定义为从树根到终端结点中最长的非回溯路径的长度.

"满"算法产生的初始随机树中每条从树根到终端结点的非回溯路径的长度都等于一个确定的最大深度．在"满"算法中，对于那些在深度小于最大值处的结点，其标记的选择被限制在函数集 F 上；对于那些在最大深度处的结点，其标记的选择被限制在端点集 T 上．

"生长"算法产生的初始随机树中每条从树根到终端结点的非回溯路径的长度都不超过一个确定的最大深度．在"生长"算法中，对于那些在深度小于最大值处的结点，其标记是从并集 C 中随机选取的；对于那些在最大深度处的结点，其标记的随机选取限制在端点集 T 上．

6.3.3 适应值度量

在遗传程序设计中，经常用到以下四种适应值度量．

（一）原始适应值

原始适应值是一种用问题本身惯常的术语表示的适应值度量．例如，在人工蚁问题中，原始适应值就是被蚁吃掉的食物块数，食物被吃掉得越多，适应值度量越好．这个例子中的原始适应值在 0 到 89 之间变动．

在遗传程序设计中，适应值通常是在一组适应事例上进行度量．适应事例一般仅是整个搜索空间中一个少量的有限抽样，但同时也要求它们从整体上必须是搜索空间的代表事例，因为它们是对从整个搜索空间中得到的结果进行一般化的基础．

通常把误差定义为原始适应值，也就是说，把一个符号表达式在这些适应事例上返回的值与问题的正确答案之间的距离的和作为其适应值．符号表达式返回的值可以是整数值、浮点值、复值、向量值或布尔值．

如果符号表达式是整数值的或浮点值的，则距离的和就是在适应事例上符号表达式的返回值与正确答案之间差的绝对值的和．当原始适应值定义为误差时，则规模为 N 的群体中第 i 个符号表达式在演化代 t 时的原始适应值 $r(i,t)$ 为

$$r(i,t)=\sum_{j=1}^{K}|R(i,j)-C(j)| \tag{7.1}$$

其中 $R(i,j)$ 是群体中第 i 个符号表达式在第 j 个适应事例上返回的值，$C(j)$ 是在第 j 个适应事例上的正确值，K 为适应事例数目。

如果符号表达式是布尔值，则距离的和等于非匹配的数目；如果符号表达式是向量值或复值，则距离的和等于分别从每个分量得到的距离的和。

（二）标准化适应值

因为原始适应值是用问题本身惯常的术语来表示的，所以会出现两种情况，一种是原始适应值越小越好；另一种是原始适应值越大越好。为了把这两种情况统一起来，下面从原始适应值导出标准化适应值 $s(i,t)$。标准适应值越小，适应度量越好。

如果在某个特定问题中原始适应值越小越好，则

$$s(i,t)=r(i,t)-r_{\min} \tag{7.2}$$

其中 $r_{\min}$ 为原始适应值的下界，若 $r_{\min}$ 未知，则它可以用当前代中或最近W代中原始适应值的最小值来替代。

如果在某个特定问题中原始适应值越大越好，则

$$s(i,t)=r_{\max}-r(i,t) \tag{7.3}$$

其中 $r_{\max}$ 是原始适应值的上界，若 $r_{\max}$ 未知，则它可以用当前代中或最近W代中原始适应值的最大值来替代。

（三）调整适应值

从标准化适应值 $s(i,t)$ 按下面的变换可以得到调整适应值

$$a(i,t)=\frac{1}{1+s(i,t)} \tag{7.4}$$

调整适应值 $a(i,t)$ 在 0 到 1 之间变化，值越大，群体中相应的个体越好。

（四）正规化适应值

正规化适应值 $n(i,t)$ 的计算公式如下：

$$n(i,t)=a(i,t)\Big/\sum_{k=1}^{N}a(k,t) \tag{7.5}$$

其中 $a(k,t)$ 是群体中第 k 个个体在时间 t 时的调整适应值.

正规化适应值满足以下三条性质:

(1) 它在 0 与 1 之间变化;

(2) 群体中个体的正规化适应值越大,适应度量越好;

(3) 正规化适应值的和为 1.

在本章中, 我们说按比例于适应值进行选择就是针对正规化适应值.

6.3.4 主要操作

在遗传程序设计中, 有两个主要操作: 复制操作和杂交操作.

(一) 复制

复制操作仅作用在一个父代符号表达式上,每执行一次复制只产生一个子代符号表达式. 复制操作分为两步, 首先基于适应值按某种选择方法从当前群体中选择一个符号表达式; 然后把它们复制到新一代群体中.

基于适应值的选择方法有许多种, 其中一种常用的方法是与适应值成比例的选择方法,即赌盘选择,在第三章中我们还介绍了其它几种选择方法,它们在遗传程序设计中同样适用.

(二) 杂交

杂交操作每次作用在一对父代符号表达式上, 这对符号表达式用与复制操作中一样的选择方法从当前群体中得到.

杂交操作开始是在每个父代符号表达式上利用一致概率分布独立地选取一个随机点作为杂交点, 杂交点及其以下的整个子树就构成了这个父代的杂交段. 杂交段有时只包括一个终端结点.

第一个子代符号表达式的产生过程如下: 首先删去第一个父代中的杂交段; 然后把第二个父代的杂交段插入在第一个父代的杂交点处. 第二个子代符号表达式按对称的方式生成.

例如，考虑两个父代符号表达式：

(OR (NOT $D1$) (AND $D0$ $D1$))

和

(OR (OR $D1$ (NOT $D0$)) (AND (NOT $D0$) (NOT $D1$)))

这两个符号表达式可以视为有根的、结点带标记的且具有有序分支的树，如图 6.5 所示。

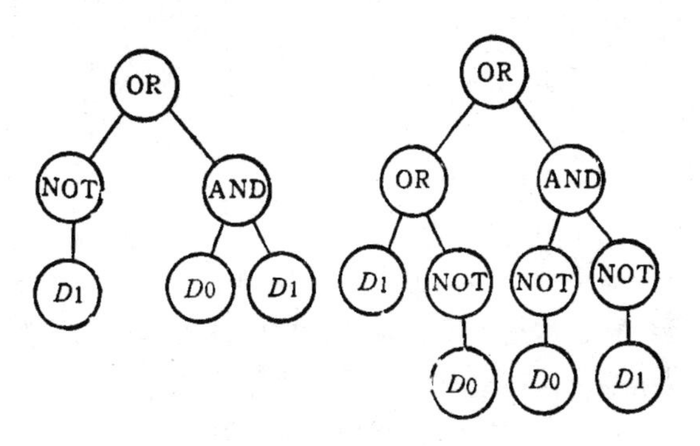

图 6.5　两个父代计算机程序

假定树上的结点按深度优先、从左到右的方式进行编号，假设结点 2 从第一个父代的 6 个结点中被随机地选为第一个父代的杂交点，结点 6 从第二个父代的 10 个结点中被随机地选为第二个父代的杂交点，因此树上的杂交点在第一个父代中是 NOT 函数，在第二个父代中是 AND 函数。图 6.6 描述了这两个杂交段，图 6.7 给出了由杂交操作产生的两个子代。

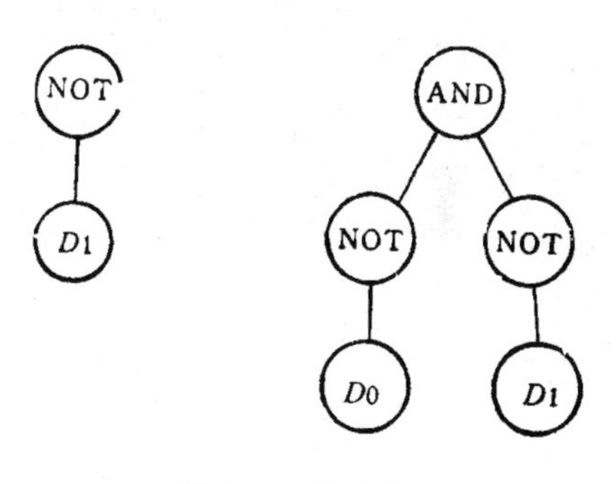

图 6.6　两个杂交段

因为整个子树被互换以及函数本身的闭包性，不管杂交点选在哪里，这个遗传杂交操作总是产生语法与语义都有效的 LISP

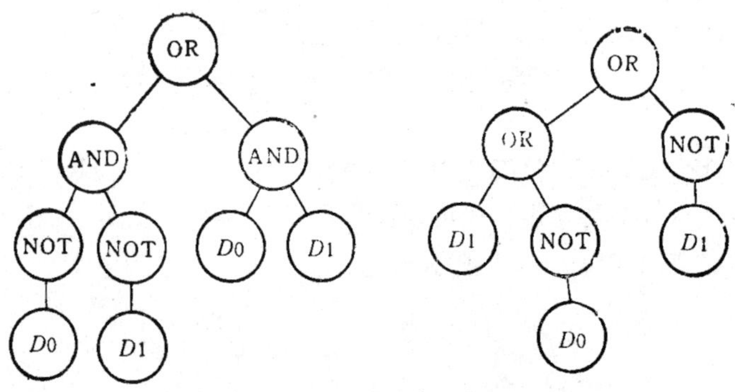

图 6.7 通过杂交生成的两个子代

的符号表达式作为子代.

在遗传程序设计中，由两个相同的个体杂交产生的两个子代个体一般不同，这是由于在两个父代个体上选择的杂交点一般不同. 遗传程序设计在这一点上不同于常规的遗传算法，后者作用在确定长度的染色体串上，当对两个相同的串应用杂交操作时，由于只选择同一个杂交点，所以产生的子代串与它们的父代串相同.

对于遗传程序设计和遗传算法，如果群体中一个特殊的个体相对于群体中其它的个体而言具有特别好的适应值，那么复制操作就会导致产生许多一样的个体. 即使这个特殊的个体在搜索空间中总体上只是个一般的个体，这种情况也会发生. 同时，这种情况会引起群体趋向于过早收敛. 另外，由于特殊的个体被选择进行杂交的概率相对而言也要特别大一些，所以许多杂交操作是在相同的个体间进行.

在常规的遗传算法中，当两个相同的个体进行杂交时，结果产生的两个子代串完全相同，这个事实增加了遗传算法的过早收敛趋势. 当一个一般的次最优个体与群体中其它的个体相比具有特别好的适应值时，过早收敛就可能发生. 一旦群体过早收敛，唯一改变群体的方法是进行变异操作.

与遗传算法形成对照，在遗传程序设计中，当两个相同的个体进行杂交时，结果产生的两个子代个体一般不同，除非当在两个相同的父代个体上选择的杂交点一样时，才会产生相同的子代个体，而后面这种情况相对而言是很少发生的．正如前面所描述的那样，复制操作产生过早收敛的趋势，然而，在遗传程序设计中，杂交操作会反过来减少这种趋势，因而群体的过早收敛在遗传程序设计中不太可能发生．

6.3.5 控制参数

在遗传程序设计中，共有 13 个控制参数，下面只介绍其中常用的 5 个参数．参数值的确定一般要依赖于求解的问题，这里不具体讨论它们的最优选取，仅提供一组值供参考．

两个主要的控制参数是群体规模M和运行的最大代数G：

· 群体规模M为 500．

· 最大代数G为 51，包括初始随机代和后继的 50 代．

另外三个次要控制参数是：

· 杂交概率 p_c 为 0.90．

· 最大深度 D_1 为 17，即在演化过程中由杂交产生的树的最大深度不超过 17．

· 初始最大深度 D_2 为 6，即在初始群体中随机产生的树的最大深度不超过 6．

§6.4 解人工蚁问题的遗传程序设计

本节以第一章中描述的人工蚁问题为例说明遗传程序设计的具体步骤．在人工蚁问题中，求解任务是引导一只人工蚁找到放在一条不规则轨道上的所有食物，这个问题包含的基本操作能使蚁沿着不规则的“圣菲轨道”向前移动、向右转、向左转和检测食物．

若用遗传算法寻找求解人工蚁问题的有限状态自动机，那么首先需要确定一个表示方案把可能的自动机转化成二进制串．在遗传程序设计中，这个问题可以用其本身的术语按更直接的方式来求解.

准备应用遗传程序设计的第一个主要步骤是确定端点集；第二个主要步骤是确定函数集.

在人工蚁问题中，我们想要处理的信息是蚁的感知器从外部世界中得到的信息，因此关于这个问题的一个合理方案是把条件转移算子 IF-FOOD-AHEAD 放在函数集中. IF-FOOD-AHEAD 条件转移算子取两个变量，当且仅当蚁检测到在它的正前方有食物时执行第一个变量,反之执行第二个变量.

如果人工蚁问题的函数集包含一个处理信息的算子，那么端点集必须包含基于这个信息处理的输出蚁应该执行的动作. 因此,这个问题的端点集是

$$T = \{(\mathrm{MOVE}), (\mathrm{RIGHT}), (\mathrm{LEFT})\}$$

这三个端点直接对应于人工蚁问题中定义的改变蚁的状态的三个基本函数. 因为这三个端点实际上是不取自变量的函数，所以把它们的名称放在括号之中，这三个基本函数通过对蚁的状态的副作用进行操作. 这三个端点取值 1，不过它们返回的数值与这个问题不相关.

在图 1.5 中的有限状态自动机的状态变化示意图中，从每个圆圈中发出两条线,表示两个可选择的状态改变,后者与蚁的两个可能的传感器输入相联系. 这里 IF-FOOD-AHEAD 条件转移算子执行这两个可选择的状态改变. 在状态变化示意图中还有一个无条件状态变化,它可以通过利用 LISP 中的连接 PROGN 来执行. 例如,在符号表达式中取两个变量的连接 PROGN

(PROGN (RIGHT) (LEFT))

使得蚁无条件地执行转向右边,然后无条件地转向左方. 因此,这个问题的函数集为

$$F = \{\text{IF-FOOD-AHEAD}, \text{PROGN2}, \text{PROGN3}\}$$

分别取两个、两个、三个变量. 取两个变量的连接函数 PROGN2 按顺序计算它的两个变量,并返回第二个变量的值;取三个变量的

连接函数 PROGN3 按顺序计算它的三个变量，并返回第三个变量的值。

准备应用遗传程序设计的第三个主要步骤是定义适应值度量。在这个问题中，一个给定计算机程序的适应值的自然度量是蚁执行给定程序在某个合理时间内吃掉的食物量。每个移动操作和每个转动操作花费一个时间步。在这个问题中，我们把蚁限制在 400 个时间步内，相对于 1024，这个超时限制足够小。

解人工蚁问题的一个计算机程序的原始适应值是在最大允许时间内蚁吃掉的食物量（范围从 0 到 89）。如果一个计算机程序时间用完了，它的原始适应值是直到那个时间被蚁吃掉的食物量。这里时间是这样计算的，三个基本函数 RIGHT，LEFT 和 MOVE 每执行一个花费一个时间步，条件转移算子 IF-FOOD-AHEAD 和无条件连接 PROGN2 和 PROGN3 的执行不花费时间步。

对人工蚁问题，原始适应值越大越好，而标准化适应值越小越好。这里标准化适应值等于最大可得到的原始适应值（即 89）减去实际原始适应值。标准化适应值 0 对应于这个问题的理想解。

准备应用遗传程序设计的第四个主要步骤是确定控制参数的值。控制遗传程序设计运行的最主要的参数是群体规模和运行代数。这里群体规模是 500，最大代数是 51。另外，还需要确定一些次要控制参数的值，具体的选择如上一节所述，对这个问题不再进行特别处理。

最后，准备应用遗传程序设计的第五个主要步骤是选择停止运行和接受结果的准则。当遗传程序设计产生一个标准化适应值为 0 或最大允许代数（$G = 51$）运行完时，就停止一个给定的运行，并把在任一代中得到的最好的个体指定为运行的结果。

遗传程序设计从可用的函数和端点集中递归地产生 500 个随机计算机程序作为初始群体。可以预言，这个初始随机计算机程序群体包括各种适应性非常不好的计算机程序，它们为把由遗传程序设计在后继代中得到的更好的性能与随机性能进行比较提供了基准。

在关于这个问题的初始随机群体中，最常见的个体类型是根本不移动。例如,计算机程序

(PROGN2 (RIGHT) (LEFT))

不探测地转向。它无条件地把蚁转到右方和左方，同时并没有把蚁移动到任何地方。这个适应性非常不好的个体没有吃到89块食物中的任何一块,当最大允许时间终止时就停止它的执行。

假定在人工蚁问题中,蚁的起始位置在(0,0)并朝向东面。初始随机群体中也有某些随机产生的计算机程序不转向地朝前移动。例如,程序

(PROGN2 (MOVE) (MOVE))

从西到东穿过网格，既不探测也不转向。这个无向行为偶然地找到位于最顶端那一行网格上的3块食物。

下面用图形显示两个随机产生的计算机程序的路径。图6.8

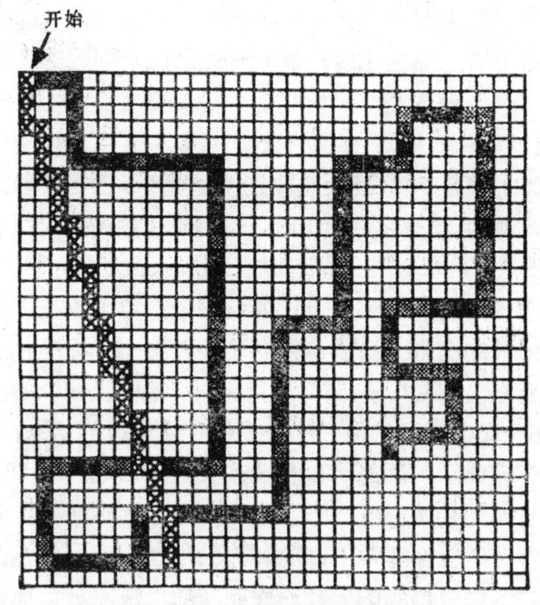

图6.8 例子1中计算机程序的路径

显示了如下程序的路径的开始部分

(PROGN3 (RIGHT)
(PROGN3 (MOVE) (MOVE) (MOVE))
(PROGN2 (LEFT) (MOVE)))

其中这部分路径用×来表示。这个程序包括 9 个结点，它不探测地移动和转向，并且在这部分路径上它偶然地找到 4 块食物。注意到在人工蚁问题中，整个符号表达式要尽可能地完全执行，然后再重复执行直到最大允许时间终止时结束。

另一个随机产生的计算机程序找到了轨道上开始的 11 块食物。当碰到轨道上第一个间隙时，它就进入一个无限循环状态。在图 6.9 中，这个程序的路径用×标记。

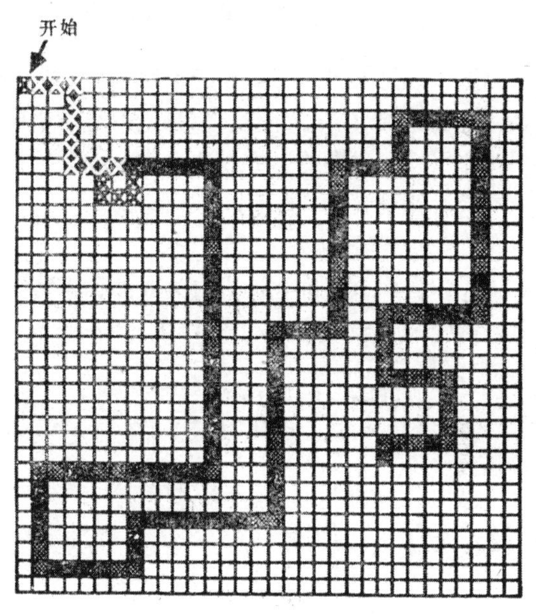

图 6.9　例子 2 中计算机程序的路径

图 6.10 显示了解人工蚁问题的遗传程序设计的一次典型运行结果，其中给出了每代中最好的个体和最差的个体的标准化适应值，以及群体中所有个体的标准化适应值的平均值。从图中可以看到，每代中最好个体的标准化适应值随代数的增加而改进(趋

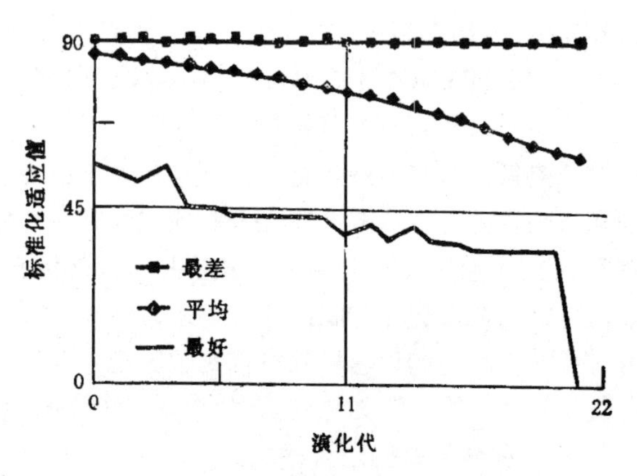

图 6.10　人工蚁问题的适应值曲线图

向于 0)，但这个改进不是单调的；标准化适应值的平均值开始大约为 85.5，然后随代数的增加而改进；每代中最差个体的标准化适应值的图线水平地通过图的上方，这是因为在每一代中至少有一个个体根本没有找到食物，即至少有一个标准化适应值为 89 的个体.

在第 21 代时，一个标准化适应值为 0 的计算机程序在运行中首次出现. 这个符号表达式有 18 个结点，如下所示:

```
(IF-FOOD-AHEAD (MOVE)
               (PROGN3 (LEFT)
                       (PROGN2 (IF-FOOD-AHEAD (MOVE)
                                              (RIGHT))
                               (PROGN2 (RIGHT)
                                       (PROGN2 (LEFT)
                                               (RIGHT))))
                       (PROGN2 (IF-FOOD-AHEAD (MOVE)
                                              (LEFT))
                               (MOVE))))
```

注意到在用遗传程序设计解这个问题时，我们并没有预先假定最终解的规模、形状以及结构复杂性. 在上面第 21 代中找到的最优解具有 18 个结点，然而我们没有规定解有 18 个结点，并且也没有规定这个符号表达式的形状和内容．这个完全正确的符号表达式的规模、形状和内容是在由适应值度量施加的选择强制作用下演化得到的．遗传程序设计从受适应值度量驱使的过程中产生一个所需要的复杂结构，即计算机程序．

第七章 遗传算法与其它自适应搜索方法的比较

§7.1 引 言

熟悉其它自适应搜索方法的读者可以发现把遗传算法的特征与这些方法的对应特征相比较是非常有益的. 在所有这样的自适应方法中,目标是按某种自适应和智能方式搜索某一空间,使得在搜索的一个状态中得到的信息可以用于影响后来的搜索方向.

穿过任何搜索空间的一个自适应搜索过程为，从搜索空间中一个或多个结构出发,测试性能,然后再用性能信息来修改搜索空间中当前的结构. 自适应涉及到改变某个结构，使其在它的环境中执行得更好.

本章将比较以下四种自适应搜索方法:

· 遗传算法

· 遗传程序设计

· 神经网络

· 模拟退火算法

贯穿全书,我们讨论的是作用在确定长度串上的遗传算法,它有三个基本的遗传算子,即基于适应值的复制算子、杂交算子和变异算子. 对于常规的遗传算法有各种各样的变形，针对作用在确定长度串上的遗传算法而言,有以下四个主要准备步骤,即决定

(1) 表示方案,它包括字母表规模、染色体长度和问题与染色体之间的映射;

(2) 适应值度量;

(3) 控制算法的参数;

(4) 停止运行的准则和指定结果的方法。

其它三种自适应搜索方法中每一个都有一组与上面相类似的主要准备步骤．当我们讨论这些方法时，首先就要给出应用它们的主要准备步骤．

此外，我们将从以下八个方面对四种自适应搜索方法进行比较．这八个方面的内容是自适应系统中共有的，它们是

（1）进行自适应操作的结构；

（2）初始结构；

（3）评价结构的适应值度量；

（4）修改结构的操作；

（5）在每个阶段中系统的状态；

（6）停止处理过程的方法；

（7）指定结果的方法；

（8）控制处理过程的参数．

注意到每种方法都有许多变形，按照以上八个方面内容对它的描述当然依赖于所考虑的变形．然而，为使问题简单化，我们将仅考虑每个方法的一个简单描述形式．

第六章讨论的遗传程序设计有五个主要准备步骤，也就是要决定

（1）端点集；

（2）函数集；

（3）适应值度量；

（4）控制运行的参数；

（5）停止运行和指定结果的准则．

本章所提到的神经网络是指无反馈连接的神经网络，应用神经网络的十个准备步骤在第4.1节中已经做过描述，这里就不再重复了．

应用模拟退火算法有四个准备步骤，就是决定

（1）表示方案，它把关于问题的搜索空间中的单个点映射到一个结构；

（2）修改结构的操作，这包括选取邻域和可能的步长；

（3）控制算法的参数；

（4）停止运行的准则和指定结果的方法。

§7.2 四种自适应搜索方法的比较

表 7.1 给出了在四种自适应搜索方法中进行自适应操作的结构的对比。

表 7.2 显示了关于这四种方法的初始结构的对比。

表 7.3 比较了四种自适应搜索方法中的适应度量。

表 7.4 指出了四种自适应搜索方法中关于修改结构的基本操作的对比。

表 7.5 对比了四种自适应搜索方法中系统的状态。

表 7.6 比较了四种自适应搜索方法中的停止准则。

表 7.7 给出了四种自适应搜索方法中结果指定方法的对比。

为了描述上的方便，在下面的表格中分别用 GA 代表遗传算法，用 GP 代表遗传程序设计，用 NN 代表神经网络，用 SA 代表模

表 7.1 进行自适应操作的结构的对比

方法	进行自适应操作的结构
GA	由确定长度的字符串组成的群体.
GP	由函数集和端点集中的函数和端点构成的分层结构组成的群体.
NN	在权空间中的单个权向量.
SA	搜索空间中特定域里的单个结构.

表 7.2 初始结构的比较

方法	初始结构
GA	在给定字母表上随机产生的确定长度的字符串的群体.
GP	随机产生的分层结构的群体，其中每个结构由函数集中的函数和端点集中的端点构成.
NN	对于反向传播法而言，初始结构为一个随机产生的由小的权组成的初始权向量.
SA	或是一个随机初始结构，或是一个较好的结构.

表 7.3 适应度量的比较

方法	适应度量
GA	正规化的适应值.
GP	正规化的适应值.
NN	在一系列训练实例上由神经网络产生的输出信号和期望输出信号之间的误差平方的和.
SA	当前结构的能量.

表 7.4 修改结构的操作的比较

方法	修改结构的操作
GA	复制、杂交和偶尔的变异.
GP	复制和杂交.
NN	用误差度量修改权向量中的权.
SA	修改任意结构的特定域方法是由使用者定义的，修改的结果可以是在可能结构的搜索空间中几个相邻结构中的一个. 利用修改方法试探地修改现有结构，并确定修改后结构的能量级. 如果修改后的能量级改进，那么修改总是被接受；否则只以某个确定概率接受. 如果能量差异小或温度参数 T 高，那么接受概率更大.

表 7.5 系统状态的比较

方法	状态
GA	群体.
GP	群体.
NN	权空间中的当前单个权向量.
SA	当前单个结构.

表 7.6 停止准则的比较

方法	停止准则
GA	经过确定的代数后或当得到某一可接受和可识别的结果.
GP	同上.
NN	当从权空间中当前点起再没有进一步的改进时.
SA	当从当前结构起没有移动是改进的以及冷却进度表已完全执行完毕时.

表 7.7 结果指定方法的比较

方 法	结 果 指 定
GA	到停止时最好的个体.
GP	到停止时最好的个体.
NN	在停止时权空间中当前的权向量.
SA	在停止时当前的结构.

拟退火算法.

关于算法的控制参数,本书前面已经分别进行了阐述,这里就不再进行比较了.

§7.3 结 束 语

上面这些自适应搜索方法并不是相互独立的. 遗传算法可以用于训练神经网络;象 Boltzmann 机一样, 模拟退火算法可以视为在存在许多局部最优解的情况下找到全局最优解的一种方法.

关于这些自适应搜索方法,理论上也还存在一些限制. 例如,神经网络不太可能在多项式时间内找到象货郎担问题这样的 NP 完全问题的精确解; 模拟退火算法不是一定在多项式时间内成功地结束(冷却率可能需要按指数方式减慢). 在启发式搜索方法领域中存在的实际问题是: 这些自适应搜索方法在求解 NP 完全问题时是否比其它启发式搜索更好?

虽然目前已有不少关于这些自适应搜索方法的研究成果, 这包括在特定的假设条件下的数学收敛性证明, 但是对它们的基本作用域和支持它们的合理根据还远没有完全研究清楚. 已有的研究结果也不能完全解释为什么或何时这些方法会成功或失败. 既没有把这些方法统一到一个共同框架之下的综合策略, 也没有一种理论能把它们重新结合成一种新的和更有效的方法. 此外, 判断这些方法的变形或扩展是否将导致改进现实世界中特殊问题的解是非常重要的. 可以肯定的是,大量激动人心的成功实例表明,这些自适应方法的潜力不只是推测而已.

由于这些方法密切依赖于它们自身之外的过程，因此为它们形成一个统一的框架变得更为复杂. 这样的通用方法必须仍然与具体的问题结合在一起，即它们必须经过精心设计，对应用到特殊问题中的特定域表示和专门知识加以充分利用. 在这样的情况下，一个通用方法和它的组成部分的基本特征和作用不一定容易区分. 每个问题类需要其特有的自适应，并且这个自适应的形式远非唯一的. 因此，一个给定通用方法可以按很多种方式应用到一个特定问题类型，而且它的性能自然依赖于选择其中哪一种方式.

对通用方法的开发和改进在某种程度上依赖于识别出对一个特定问题域证明是最有效的自适应类型，这样的识别仅能通过实验研究的手段来实现.

特别应该指出的是，这些自适应搜索方法是建立在模拟的基础上，模拟把它们与自然界中可能发生的过程联系在一起. 模拟在具有解释能力的同时，也有一个不利的方面，那就是让问题变得模糊难懂. 沿着模拟的道路走下去会阻碍那些不符合模拟所认可的模式的方法的发展. 因此，在可供选择的框架下，重新表示各种通用方法的原理和过程是特别有意义的，这能够摆脱最初给这些方法以启示的模拟参照的限制，从而打开一条通向比较和有用的综合之路.

附录 Grötschel 货郎担问题的顶点坐标

20	40	20	50	20	60	20	70	20	80	20	90	20	100
20	110	20	120	20	130	20	140	20	150	20	160	20	170
20	180	20	190	20	200	20	210	20	220	20	230	20	240
20	250	20	260	20	270	20	280	20	290	20	300	20	310
20	320	20	330	20	340	20	350	20	360	30	40	30	50
30	60	30	70	30	80	30	90	30	100	30	110	30	120
30	130	30	140	30	150	30	160	30	170	30	180	30	190
30	200	30	210	30	220	30	230	30	240	30	250	30	260
30	270	30	280	30	290	30	300	30	310	30	320	30	330
30	340	30	350	40	40	40	50	40	60	40	70	40	80
40	90	40	100	40	110	40	120	40	130	40	140	40	150
40	160	40	170	40	180	40	190	40	200	40	210	40	220
40	230	40	240	40	250	40	260	40	270	40	280	40	290
40	300	40	310	40	320	40	330	40	340	40	350	40	360
50	150	50	183	50	310	60	40	70	30	70	60	70	150
70	160	70	180	70	210	70	240	70	270	70	300	70	330
70	360	80	30	80	60	80	103	80	150	80	180	80	210
80	240	80	260	80	270	80	300	80	330	80	360	90	30
90	60	90	150	90	180	90	210	90	240	90	270	90	300
90	330	90	360	100	30	100	60	100	110	100	150	100	163
100	180	100	210	100	240	100	260	100	270	100	300	100	330
100	360	110	30	110	60	110	70	110	90	110	150	110	180
110	210	110	240	110	270	110	300	110	330	110	360	120	30
120	60	120	150	120	170	120	180	120	210	120	240	120	270
120	300	120	330	120	360	130	30	130	60	130	70	130	113
130	150	130	180	130	210	130	220	130	240	130	270	130	300
130	330	130	360	140	30	140	60	140	93	140	150	140	180
140	200	140	210	140	240	140	250	140	270	140	282	140	290
140	300	140	330	140	360	150	150	150	180	150	190	150	210
150	240	150	270	150	280	150	286	150	300	150	330	150	360
160	110	160	130	160	150	160	180	160	210	160	240	160	270
160	300	160	330	160	360	170	120	170	150	170	180	170	210
170	240	170	360	180	30	180	60	180	123	180	150	180	180

续表

180	210	180	240	190	30	190	60	190	300	190	352	200	30
200	37	200	60	200	80	200	90	200	100	200	110	200	120
200	130	200	140	200	150	200	160	200	170	200	180	200	190
200	200	200	210	200	220	200	230	200	240	200	250	200	260
200	270	200	280	200	290	200	300	200	310	200	350	210	30
210	60	210	320	220	30	220	47	220	60	220	320	230	30
230	60	230	340	240	30	240	60	240	210	250	30	250	80
260	40	260	50	260	80	260	90	260	100	260	110	260	120
260	130	260	140	260	150	260	160	260	170	260	180	260	190
260	200	260	210	260	220	260	230	260	240	260	250	260	260
260	270	260	280	260	260	260	300	260	310	260	340	270	70
270	80	270	90	270	100	270	110	270	120	270	130	270	140
270	150	270	160	270	170	270	180	270	190	270	200	270	210
270	220	270	230	270	250	270	260	270	270	270	280	270	290
270	300	270	310	270	320	270	330	270	340	270	350	270	360
270	370	270	380	280	90	280	113	290	40	290	50	290	140
290	240	290	300	300	70	300	80	300	90	300	100	300	110
300	120	300	130	300	150	300	160	300	170	300	180	300	190
300	200	300	210	300	220	300	230	300	250	300	260	300	270
300	280	300	290	300	300	300	310	300	320	300	330	300	340
300	350	300	360	300	370	300	380	15	350	15	355	47	255
47	335	47	345	54	233	54	243	62	365	62	371	75	255
85	52	85	70	85	228	94	74	95	222	91	260	105	105
115	135	117	228	122	221	135	75	135	170	135	214	145	77
155	30	155	50	155	185	165	105	169	268	171	31	171	51
175	75	179	258	172	261	179	333	172	341	183	270	183	280
183	345	206	165	205	315	217	190	211	200	212	275	215	325
229	140	222	282	228	325	239	130	232	150	245	71	262	365
275	52	276	236	285	220	285	270	285	335	293	95	295	175
295	205	52	320	230	350	232	315	53	210	255	71	75	49
0	0												

参考文献

[1] Holland, J. H., Outline for a logical theory of adaptive systems, Journal of the Association for Computing Machinery, 3 (1962), pp. 297—314.

[2] Holland, J. H., A new kind of turnpike theorem, Bulletin of the American Mathematical Society, 75 (1969), pp. 1311—1317.

[3] Holland, J. H., Genetic algorithms and the optimal allocations of trials, SIAM Journal of Computing, 2 (1973), pp. 88—105.

[4] Holland, J. H., Adaptation in Natural and Artificial Systems, Ann Arbor: The University of Michigan Press, (1975).

[5] Holland, J. H., Genetic algorithms, Scientific American, 4 (1992), pp. 44—50.

[6] Bagley, J. D., The behavior of adaptive systems which employ genetic and correlation algorithms (Doctoral dissertation, University of Michigan), Dissertation Abstracts International, 28 (12), 5106B, (1967).

[7] Goldberg, D. E., Genetic Algorithms in Search, Optimization, and Machine Learning, Addison-Wesley, Reading, MA, (1989).

[8] Bledsoe, W. W. and Browning, I., Pattern recognition and reading by machine, Proceedings of the Eastern Joint Computer Conference, (1959), pp. 225—232.

[9] De Jong, K. A., An analysis of the behavior of a class of genetic adaptive systems (Doctoral dissertation, University of Michigan), Dissertation Abstracts International, 36(10), 5140B, (1975).

[10] Hollstien, R. B., Artificial genetic adaptation in computer control systems (Doctoral dissertation, University of Michigan), Dissertation Abstracts International, 32(3), 1510B, (1971).

[11] De Jong, K. A., Learning with genetic algorithms: An overview, Machine Learning, 3(1988), pp. 121—138.

[12] Fitzpatrick, J. M., Grefenstette, J. J. and Van Gucht, D., Image registration by genetic search, Proceedings of IEEE Southeast Conference, (1984), pp. 460—464.

[13] Axelrod, R., The evolution of strategies in the iterated prisoner's dilemma, In: L. Davis (Ed.), Genetic Algorithms and Simulated Annealing, London: Pitman, (1987), pp. 32—41.

[14] Davis, L. (Ed.), Handbook of Genetic Algorithms, Van Nostrand Reinhold, New York, (1991).

[15] Booker, L. B., Goldberg, D. E. and Holland, J. H., Classifier systems and genetic algorithms, Artificial Intelligence, 40 (1989), pp. 235 282.

[16] Belew, R. K. and Booker, L. B. (Eds.). Proceedings of the Fourth International Conference on Genetic Algorithms and Their Applications, Morgan Kaufmann, (1991).
[17] Hart, W. E. and Belew, R. K., Optimizing an arbitrary function is hard for the genetic algorithm, ICGA' 91, Morgan Kaufmann, (1991), pp. 191—195.
[18] Wilson, S. W., GA-easy does not imply steepest-ascent optimizable, ICGA' 91, Morgan Kaufmann, (1991), pp. 85—89.
[19] Mason, A. J., Partition coefficients, static deception and deceptive problems for non-binary alphabets, ICGA' 91, Morgan Kaufmann, (1991), pp. 210—214.
[20] Vose, M. D. and Liepins, G. E., Generalizing the notion of schema in genetic algorithms, Artificial Intelligence, 50 (1991), pp. 385—396.
[21] Syswerda, G., Uniform in genetic algorithms, ICGA' 89, Morgan Kaufmann, (1989), pp. 2—9.
[22] Eshelmen, L. and Schaffer, D., Preventing premature convergence in genetic algorithms by preventing incest, ICGA' 91, Morgan Kaufmann, (1991), pp. 115—122.
[23] Whitley, D., Mathias, K. and Fitzhorn, P., Delta coding: An iterative search strategy for genetic algorithms, ICGA' 91, Morgan Kaufmann, (1991), pp. 77—84.
[24] Das, R. and Whitley, D., The only challenging problems are deceptive: global search by solving order-1 hyperplanes, ICGA' 91, Morgan Kaufmann, (1991), pp. 166—173.
[25] Goldberg, D. E., Deb, K. and Korb, B., Don't worry, be messy, ICGA' 91, Morgan Kaufmann, (1991), pp. 24—30.
[26] Sugato, B., Uckun, S., Miyabe, Y. and Kawamura, K., Exploring problem-specific recombination operators for job shop scheduling, ICGA' 91, Morgan Kaufmann, (1991), pp. 10—17.
[27] Nakano, R. and Yamada, T., Conventional genetic algorithm for job shop problems, ICGA' 91, Morgan Kaufmann, (1991), pp. 474—479.
[28] von Laszewski, Gregor, Intelligent structural operators for the k-way graph partitioning problem, ICGA' 91, Morgan Kaufmann, (1991), pp. 45—52.
[29] Kernighan, B. W. and Lin, S., An efficient heuristic procedure for partitioning graphs, Bell Systems Technical Journal, 49 (1970), pp. 291—307.
[30] Maruyama, T., Parallel graph partitioning algorithm using a genetic algorithm, JSPP, (1992), pp. 71—78.
[31] Tanese, Reiko, Distributed genetic algorithms, ICGA' 89, Morgan Kaufmann, (1989), pp. 434—439.
[32] Cohoon, J. P., Martin, W. N. and Richards, D. S., A multi-population genetic algorithm for solving the k-partition problem on hyper-cubes, ICGA' 91, Morgan Kaufmann, (1991), pp. 244—248.
[33] Kosak, Corey, Marks, Joe, Shieber, Stuart, A parallel genetic algo-

rithm for network-diagram layout, ICGA' 91, Morgan Koufmann, (1991), pp. 458—465.

[34] Collins, R. J. and Jefferson, D. R., Selection in massively parallel genetic algorithms, ICGA' 91, Morgan Kaufmann, (1991), pp. 249—256.

[35] Spiessens, Piet and Manderick, Bernard, A massively parallel genetic algorithm implementation and first analysis, ICGA' 91, Morgan Kaufmann, (1991), pp. 279—286.

[36] Kitano, H., Smith, S. F. and Higuchi, T., A parallel associative memory processor for rule learning with genetic algorithms, ICGA' 91, Morgan Kaufmann, (1991), pp. 311—317.

[37] Mühlenbein, H., Schomisch, M. and Born, J., The parallel genetic algorithm as function optimizer, ICGA' 91, Morgan Kaufmann, (1991), pp. 271—278.

[38] Mühlenbein, H., Limitations of multi-layer perceptron networks-steps towards genetic neural networks, Parallel Computing, 14 (1990), pp. 249—260.

[39] Aarts, E. H. L. and Korst, J. H. M., Simulated Annealing and Boltzmann Machines, Wiley, Chichester, 1989.

[40] Aarts, E. H. L. and Korst, J. H. M., Boltzmann machines for travelling salesman problems, European Journal of Operational Research, 39 (1989), pp. 79—95.

[41] Abdullah, A. R., A robust method for linear and nonlinear optimization based on genetic algorithm, Cybernetica, 34 (1991), pp. 279—287.

[42] Ackley, D. H., Hinton, G. E. and Sejnowski, T. J., A learning algorithm for Boltzmann machines, Cognitive Sci., 9 (1985), pp. 147—169.

[43] Alliot, J.-M., Gruber, H., Joly, G. and Schoenauer, M., Genetic algorithms for solving air traffic control conflicts, 1993 IEEE, pp. 338—343.

[44] Amari, S. I., Mathematical foundations of neurocomputing, IEEE Proc., 78 (1990), pp. 1443—1463.

[45] Ambati, B. K., Ambati, J. and Mokhtar, M. M., Heuristic combinatorial optimization by simulated Darwinian evolution: A polynomial time algorithm for the traveling salesman problem, Biol. Cybernet., 65 (1991), pp. 31—35.

[46] Arunkumar, S. and Chockalingam, T., Genetic search algorithms and their randomized operators, Computers Math. Applic., 25 (1993), pp. 91—100.

[47] Banzhaf, W., The "molecular" traveling salesman, Biol. Cybernet., 64 (1990), pp. 7—14.

[48] Bayer, S. E. and Wang, L., A genetic algorithm programming environment: Splicer, Proc. of the 1991 IEEE, Int. Conf. on Tools for

AI, San Jose, CA-Nov. 1991, pp. 138—144.

[49] Belew, R., McInerney, J. and Schraudolph, N. N., Evolving networks: Using the genetic algorithm with connectionist learning, In: C. Langton, et al. (Eds.), Artificial Life II., Addison-Wesley, 1991.

[50] Bertoni, A. and Dorigo, M., Implicit parallelism in genetic algorithms, Artificial Intelligence, 61 (1993), pp. 307—314.

[51] Bonomi, E. and Lutton, J.-L., The *N*-city travelling salesman problem: Statistical mechanics and the Metropolis algorithm, SIAM Review, 26 (1984), pp. 551—568.

[52] Booker, L. B., Improving search in genetic algorithms, In: Davis, L. (Ed.), Genetic Algorithms and Simulated Annealing, Pittman, 1987.

[53] Bornholdt, S. and Graudenz, D., General asymmetric neural networks and structure design by genetic algorithms, Neural Networks, 5 (1992), pp. 327—334.

[54] Brady, R. M., Optimization strategies gleaned from biological evolution, Nature, 317 (1985), pp. 804—806.

[55] Brill, F. Z., Brown, D. E. and Martin, M. N., Fast genetic selection of features for neural network classifiers, IEEE Trans. Neural Networks, 3 (1992), pp. 324—328.

[56] Bruce, A. W. and Timothy D. C., Evolving space-filling curves to distribute radial basis functions over an input space, IEEE Trans. Neural Networks, 5 (1994), pp. 15—23.

[57] "Casey" Klimasauskas, C. C., Neural networks: An engineering perspective, IEEE Communications Magazing, September 1992, pp. 50—53.

[58] Chester, M., Neural Networks: A Tutorial, PTR Prentice-Hall, Inc., 1993.

[59] Chockalingam, T. and Arunkumar, S., A randomized heuristics for the mapping problem: The genetic approach, Parallel Computing, 18 (1992), pp. 1157—1165.

[60] Cohoon, J. P., Hegde, S. U., Martin, W. N. and Richards, D. S., Distributed genetic algorithms for the floorplan design problem, IEEE Tarns. Computer-Aided Design, 10 (1991), pp. 483—492.

[61] Cohoon, J. P. and Paris, W. D., Genetic placement, IEEE Trans. Computer-Aided Design, 6 (1987), pp. 956—964.

[62] Conrad, M., Evolutionary learning circuits, Journ. Theor. Biol., 46 (1974), pp. 167—188.

[63] Cook, D. F. and Wolfe, M. L., Genetic algorithm approach to a lumber cutting optimization problem, Cybernetics and Systems: An International Journal, 22 (1991), pp. 357—365.

[64] Corana, A., Marchesi, M., Martini, C. and Ridella, S., Minimizing multimodal functions of continuous variables with the "Simulated

Annealing" algorithm, ACM Transactions on Mathematical Software, 13 (1987), pp. 262—280.
[65] Davidor, Y., Genetic Algorithms and Robotics: A Heuristic Strategy for Optimization, Singapore: World Scientific, 1991.
[66] Davis, L. (Ed.), Genetic Algorithms and Simulated Annealing, London: Pitman, 1987.
[67] De Groot, C., Würtz, D. and Hoffmann, K. H., Low autocorrelation binary sequences: Exact enumeration and optimization by evolutionary strategies, Optimization, 23 (1992), pp. 369—384.
[68] De Jong, K. A., Adaptive systems design: a genetic approach, IEEE Trans. on Systems, Man, and Cybernetics, 10 (1980), pp. 566—574.
[69] Dekkers, A. and Aarts, E., Global optimization and simulated annealing, Mathematical Programming, 50 (1991), pp. 367—393.
[70] Denning, P. J., Genetic algorithms, American Scientist, 80 (1992), pp. 12—14.
[71] Denning, P. J., Neural Networks, American Scientist, 80 (1992), pp. 426—429.
[72] Denning, P. J. and Tichy, W. F., Highly parallel computation, Science, 250 (1990), pp. 1217—1222.
[73] Dewdney, K. A., Exploring the field of genetic algorithms in a primordial computer sea full of flibs, Scientific American, 253 (1985), pp. 21—32.
[74] Dixon, L. C. W. and Szegö, G. P. (Eds.), Towards Global Optimization 2, North-Holland, Amsterdam, 1978.
[75] Dixon, L. C. W. and Szego, G. P., The global optimization problem: An introduction, in L. C. W. Dixon and G. P. Szegó, eds., Towards Global Optimization 2, North-Holland, Amsterdam, 1978, pp. 1—15.
[76] Eglese, R. W., Simulated Annealing: A tool for Operational Research, European Journal of Operational Research, 46 (1990), pp. 271—281.
[77] Fam Quang Bac and Perov, V. L., New evolutionary genetic algorithms for NP-complete combinatorial optimization problems, Biol. Cybern., 69 (1993), pp. 229—234.
[78] Fogel, D. B., An evolutionary approach to the traveling salesman problem, Biol. Cybern., 60 (1988), pp. 139—144.
[79] Fogel, D. B., Applying evolutionary programming to selected traveling salesman problems, Cybernetics and Systems: An International Journal, 24 (1993), pp. 27—36.
[80] Fogel, D. B. and Atmar, J. W., Comparing genetic operators with Gaussian mutations in simulated evolutionary process using linear systems, Biol. Cybern., 63 (1990), pp. 111—114.
[81] Fogel, D. B., Fogel, I. J. and Porto, V. W., Evolving neural networks, Biol. Cybern., 63 (1990), pp. 487—493.
[82] Forrest, S. (Ed.), Emergent Computation: Self-Organizing, Collec-

tive, and Cooperative Cmoputing Networks, MIT Press, 1990.

[83] Forrest, S. and Miller, J., Emergent behaviors of classifier systems, Physica D, 42 (1990), pp. 213—227.

[84] Galar, G., Evolutionary search with soft selection, Biol. Cybern., 60 (1989), pp. 357—364.

[85] Galletly, J. E., An overview of genetic algorithms, Kybernetes, 21 (1992), pp. 26—30.

[86] Gemmill, D. D., Solution to the assortment problem via the genetic algorithm, Mathl. Comput. Modelling, 16 (1992), pp. 89—94.

[87] Glover, F. and Greenberg, H. J., New approaches for heuristic search: A bilateral linkage with artificial intelligence, European Journal of Operational Research, 39 (1989), pp. 119—130.

[88] Goldberg, D. E. and Samtani, M. P., Engineering optimization via genetic algorithms. In Proceedings of the Ninth Conference on Electronic Computation, 1986, pp. 471—482.

[89] Grefenstette, J. J. (Ed.), Proceedings of an International Conference on Genetic Algorithms and Their Applications, Lawrence Erlbaum Associates, Publishers, 1985.

[90] Grefenstette, J. J. (Ed.), Proceedings of the Second International Conference on Genetic Algorithms, Lawrence Erlbaum Associates, Publishers, 1987.

[91] Grefenstette, J. J., Optimization of control parameters for genetic algorithms, IEEE Trans. Syst. Man Cybern., 16 (1986), pp. 122—128.

[92] Harp, S. A. and Samad, T., Genetic synthesis of neural network architecture, In: L. Davis (editor), Handbook of Genetic Algorithms, Van Nostrand Reinhold, New York, 1991, pp. 202—221.

[93] Hillis, W. D., Wrestling the future from the past: The transition to parallel computing, IEEE Parallel & Distributed Technology, February 1993, pp. 6—7.

[94] Hinton, G. E., How neural networks learn from experience, Scientific American, September 1992, pp. 145—151.

[95] Holland, J. H., Escaping brittleness: The possibilities of general-purpose learning algorithms applied to parallel rule-based systems, In: Michalski, R. S., et al. (Eds.), Machine Learning: An Artificial Intelligence Approach, Volume II, Morgan Kaufmann, 1986.

[96] Holland, J. H., A mathematical framework for studying learning in classifier systems, Physica D, 22 (1986), pp. 307—317.

[97] Holland, J. H., Concerning the emergence of tag-mediated lookahead in classifier systems, Physica D, 42 (1990), pp. 188—201.

[98] Hopfield, J. J. and Tank, D. W., "Neural" Computation of decisions in optimization problems, Biol. Cybern., 52 (1985), pp. 141—152.

[99] Hopfield, J. J. and Tank, D. W., Computing with neural circuits: A model, Science, 233 (1986), pp. 625—633.

[100] Ichikawa, Y. and Sawa, T., Neural network application for direct

feedback controllers, IEEE Trans. Neural Networks, 3 (1992), pp. 224—231.

[101] Ingber, L. and Rosen, B., Genetic algorithms and very fast simulated reannealing: A comparison, Mathl. Comput. Modelling, 16 (1992), pp. 87—100.

[102] Jenkins, W. M., Towards structural optimization via the genetic algorithm, Computers & Structures, 40 (1991), pp. 1321—1327.

[103] Kirby, K. G., Conrad, M. and Kampfner, P. R., Evolutionary learning in reaction-diffusion neurons, Applied Mathematics and Computation, 41 (1991), pp. 233—263.

[104] Kirkpatrick, S., Gelatt, C. D. and Vecchi, M. P., Optimization by simulated annealing, Science, 220 (1983), pp. 671—680.

[105] Kirkpatrick, S., Optimization by simulated annealing: Quantitative studies, Journal of Statistical Physics, 34 (1984), pp. 975—986.

[106] Konagaya, A., New topics in genetic algorithm research, New Generation Computing, 10 (1992), pp. 423—427.

[107] Koza, J. R., Genetic Programming: On the Programming of Computers by Means of Natural Selection, The MIT Press, Cambridge, MA, 1992.

[108] Kreinovich, V., Quintana, C. and Fuentes, O., Genetic algorithms: What fitness scaling is optimal, Cybernetics and Systems: An International Journal, 24 (1993), pp. 9—26.

[109] Kristinsson, K. and Dumont, G. A., System identification and control using genetic algorithms, IEEE Trans. Syst. Man Cybern., 22 (1992), pp. 1033—1046.

[110] Laarhoven, P. J. M. and Aarts, E. H. L., Simulated Annealing: Theory and Applications, Kluwer, Boston, MA, 1987.

[111] Lander, E. S., Landridge, R. and Saccocio, D. M., Mapping and interpreting biological information, Communications of the ACM, 34 (1991), pp. 33—39.

[112] Laporte, G., The traveling salesman problem: An overview of exact and approximate algorithms, European Journal of Operational Research, 59 (1992), pp. 231—247.

[113] Levitin, G. and Rubinovitz, J., Genetic algorithm for linear and cyclic assignment problem, Computers Ops. Res., 20 (1993), pp. 575—586.

[114] Lin-Ming Jin and Shu-Park Chan, A genetic approach for network partitioning, Intern. J. Computer Math., 42 (1992), pp. 47—60.

[115] Lin, S. and Kernighan, B. W., An effective heuristic algorithm for the traveling-salesman problem, Operations Research, 21(1973), pp. 498—516.

[116] Maffioli, F., Randomized algorithms in combinatorial optimization: A survey, Discrete Applied Mathematics, 14 (1986), pp. 157—170.

[117] Matwin, S., Szapiro, T. and Haigh, K., Genetic algorithms approach

to a negotiation support system, IEEE Trans. Syst. Man Cybern., 21 (1991), pp. 102—114.

[118] Menczer, F. and Parisi, D., Evidence of hyperplanes in the genetic learning of neural networks, Biol. Cybern., 66 (1992), pp. 283—289.

[119] Menczer, F. and Parisi, D., Recombination and unsupervised learning: effects of crossover in the genetic optimization of neural networks, Network, 3 (1992), pp. 423—442.

[120] Metropolis, N., Rosenbluth, A., Rosenbluth, M., Teller, A. and Teller, E., Equation of state calculations by fast computing machines, J. Chem. Phys., 21 (1953), pp. 1087—1090.

[121] Michalewicz, Z., Janikow, C. Z. and Krawczyk, J. B., A modified genetic algorithm for optimal control problems, Computers Math. Applic., 23 (1992), pp. 83—94.

[122] Miller, D. L. and Pekny, J. F., Exact solution of large asymmetric traveling salesman problems, Science, 251 (1991), pp. 754—761.

[123] Mühlenbein, H., Gorges-Schleuter, M. and Krämer, O., New solutions to the mapping problem of parallel systems—The evolution approach, Parallel Comput., 4 (1987), pp. 269—279.

[124] Mühlenbein, H., Gorges-Schleuter, M. and Krämer, O., Evolution algorithms in combinatorial optimization, Parallel Comput., 7 (1988), pp. 65—85.

[125] Mühlenbein, Parallel genetic algorithms, population genetics and combinatorial optimization, in J. D. Schaffer, Ed. Proceedings of the Third International Conference on Genetic Algorithms, (1989), pp. 416—421.

[126] Poggio, T. and Girosi, F., Networks for approximation and learning, Proc. IEEE, 78 (1990), pp. 1481—1497.

[127] Rumelhart, D. E., Hinton, G. E. and Williams, R. J., Learning representations by back-propagating errors, Nature, 323 (1986), pp. 533—536.

[128] Schaffer, J. D. and Morishima, A., Adaptive knowledge representation: A content sensitive recombination mechanism for genetic algorithms, International Journal of Intelligent Systems, 3 (1988), pp. 229—246.

[129] Schaffer, J. D. (Ed.), Proceedings of the Third International Conference on Genetic Algorithms, George Mason University, Morgan Kaufmann, 1989.

[130] Schaffer, J. D., Caruana, R. A. and Eshelman, L. J., Using genetic search to exploit the emergent behavior of neural networks, Physica D, 42 (1990), pp. 244—248.

[131] Shahookar, K. and Mazumder, P., A genetic approach to standard cell placement using meta-genetic parameter optimization, IEEE Trans. on Computer-Aided Design, 9 (1990), pp. 500—511.

[132] Talbi, E.-G. and Bessière, P., A parallel genetic algorithm applied

to the mapping problem, SIAM NEWS, July 1991.

[133] Tam, K Y., Genetic algorithms, function optimization, and facility layout design, European Journal of Operational Research, 63 (1992), pp. 322—346.

[134] Valiant, L. G., A theory of the learnable, Commun. ACM, 27 (1984), pp. 1134—1142.

[135] Vignaux, G. A., and Michalewicz, Z., A genetic algorithm for the linear transportation problem, IEEE Trans. Sys. Man Cybern., 21 (1991), pp 445--452.

[136] Wang, Q., Optimization by simulating molecular evolution, Biol. Cybern., 57 (1987) pp. 95---101.

[137] Whitley, D., Starkweather, T., and Bogart, C., Genetic algorithms and neural networks: Optimizing connections and connectivity, Parallel Computing, 14 (1990), pp. 347—361.

[138] Whitley, D., Starkweather, T. and Shaner, D., The traveling salesman and sequence scheduling: quality solutions using genetic edge recombination, In: (L. Davis, editor) Handbook of Genetic Algorithms, Van Nostrand Reinhold, New York, 1991, pp. 350—372.

[139] Widrow, B. and lehr, M. A., 30 years of adaptive neural networks: perceptron, madaline, and backpropagation, Proc. IEEE, 78 (1990), pp. 1415—1441.

[140] Wilson, G. and Pawley, G., On the stability of the Travelling Salesman algorithm of Hopfield and Tank, Biol. Cybern., 58 (1988), pp. 63—70.

[141] Wilson, S. W., Perceptron redux: emergence of structure, Physica D, 42 (1990), pp. 249—256.

[142] Zurada, J. M., Introduction to Artificial Neural Systems, West Publishing Company, 1992.

[143] F. 哈拉里著,李慰萱译,图论,上海科学技术出版社,1980.

[144] M. R. Garey and D. S. Johnson (1979) 著,张立昂,沈 泓,毕源章译,计算机和难解性: NP 完全性理论导引,科学出版社,1987.

[145] C. H. Papadimitriou and K. Steiglitz (1982) 著,刘振宏,蔡茂诚译,组合最优化:算法和复杂性,清华大学出版社,1988.

[146] Kang Lishan, Chen Yuping, Experiments of some new parallel algorithms for TSP, Non-Numerical Parallel Algorithms, Wuhan University Press, 1990, pp. 1—21.

[147] Chen Yuping, Kang Lishan, An asynchronous parallel simulated annealing algorithm for TSP, Non-Numerical Parallel Algorithms, Wuhan University Press, 1990, pp. 22—41.

[148] 康立山,陈毓屏,极度并行算法发展动态,自然杂志, Vol. 15, No. 12, (1992), 899—905.

[149] 康立山,陈毓屏,解货郎担问题的异步并行模拟退火算法,自然科学进展, Vol. 1, No. 3, 1991, 246—252.

[150] 刘 勇,康立山,大规模推销员问题的并行演化算法,全国第二届数学软件与科

技工程软件学术会议论文集，1992，A-42 A-44.
[151] 刘 勇，康立山，并行退火演化算法，全国第四届并行算法学术会议论文集，航天工业出版社，1993，285-289.
[152] Liu Yong, Kang Lishan and Evans D. J., The annealing evolution algorithm, to appear in Journal of Parallel Algorithms and Applications, Vol. 3, No. 1—2, 1994

《计算方法丛书·典藏版》书目

1 样条函数方法　1979.6　李岳生 齐东旭　著
2 高维数值积分　1980.3　徐利治 周蕴时　著
3 快速数论变换　1980.10　孙　琦等　著
4 线性规划计算方法　1981.10　赵凤治　编著
5 样条函数与计算几何　1982.12　孙家昶　著
6 无约束最优化计算方法　1982.12　邓乃扬等　著
7 解数学物理问题的异步并行算法　1985.9　康立山等　著
8 矩阵扰动分析(第二版)　2001.11　孙继广　著
9 非线性方程组的数值解法　1987.7　李庆扬等　著
10 二维非定常流体力学数值方法　1987.10　李德元等　著
11 刚性常微分方程初值问题的数值解法　1987.11　费景高等　著
12 多元函数逼近　1988.6　王仁宏等 著
13 代数方程组和计算复杂性理论　1989.5　徐森林等　著
14 一维非定常流体力学　1990.8　周毓麟 著
15 椭圆边值问题的边界元分析　1991.5　祝家麟　著
16 约束最优化方法　1991.8　赵凤治等　著
17 双曲型守恒律方程及其差分方法　1991.11　应隆安等　著
18 线性代数方程组的迭代解法　1991.12　胡家赣　著
19 区域分解算法——偏微分方程数值解新技术　1992.5　吕　涛等　著
20 软件工程方法　1992.8　崔俊芝等　著
21 有限元结构分析并行计算　1994.4　周树荃等　著
22 非数值并行算法(第一册)模拟退火算法　1994.4　康立山等　著
23 非数值并行算法(第二册)遗传算法　1995.1　刘　勇等　著
24 矩阵与算子广义逆　1994.6　王国荣　著
25 偏微分方程并行有限差分方法　1994.9　张宝琳等　著
26 准确计算方法　1996.3　邓健新　著
27 最优化理论与方法　1997.1　袁亚湘　孙文瑜　著
28 黏性流体的混合有限分析解法　2000.1　李　炜　著
29 线性规划　2002.6　张建中等　著